ほんとの野菜は緑が薄い

「自然を手本に生きる」編

河名秀郎

日経プレミアシリーズ

自然栽培のように生きる——リニューアル版刊行にあたって

二〇二〇年初頭から全世界で猛威を振るった新型コロナウイルス。御多分に洩れず、僕も罹患しました。二〇二一年八月のことでした。

罹患したと言いましたが、医師に診てもらったわけではないので、おそらくコロナに感染した、コロナのような症状が発症したと言ったほうが正確です。

家族のなかで最初に症状が出た娘は、熱が四〇度以上、嗅覚が敏感になって食事どころか水も受け付けなくなり、次いで息子には嗅覚や味覚がなくなる症状があらわれ、「世間で騒がれているのがこれか」と。

そしていよいよ僕の番でした。

僕自身は味覚や嗅覚に変化はとくにありませんでしたが、熱が上がったり下がったりを繰り返し、四~五日を過ごしました。その間、四〇度を超えたのは一度だけ、三八度あたりをうろうろしていました。

そのとき、どのように過ごしていたか？

なにもしませんでした。眠たければ寝るし、食べたければ食べる。食べたくなければ食べません。お医者さんにもかかりませんし、クスリも飲みませんでした。栄養をとらなくては、水をたくさん飲まなくては、そういうことは考えません。僕はふだんから、自分の五感を何より大切にしています。頭では考えません。

これが僕の生き方です。

風邪をひいたからクスリを飲まなくては、怪我をしたら消毒しないと、コロナだから手洗いをしっかりと……、こうなったから、そうしなくては。そういうアクションを起こさない。アクションを起こさないことが大事だと思っています。

熱が上がってツラいのに解熱剤は飲まないのか、病気に負けないように栄養をとらなければと思わないのか、コロナに罹って病院に行かず、不安ではないのか。

どれも思いません。起きていることに抗わないのが僕の生き方なのです。

一生忘れない、あの光景

なぜそうなったのか。四十年前、僕の目の前に広がった景色をみなさんにもお話しさせてください。

僕が千葉県成田市にある自然栽培の農家に修業に入っていたときのことです。稲作の現場でウンカという害虫が発生しました。地域に蔓延していて、農薬散布が奨励される状況で、多くの農家さんは手を打つべく、大量の農薬を散布しました。

しかし修業先の生産者さんは自分の田んぼの稲が虫に冒されようとも抵抗せず、ただ見守っているだけでした。

その翌朝だったと思います。田んぼの様子を見に行きました。

僕は生涯、そのときの光景を忘れることはないでしょう。ふり返ると、このときが僕の人生が決まった瞬間、自然栽培に一生を捧げようと決意したときだったと思います。

目の前に広がっていたのは、光の海でした。あたり一面がきらきらと輝き、あまりの美しさに息をのみました。よく見ると、田んぼに張り巡らされた蜘蛛の巣が朝露に濡れて光っていたのです。

巣は、蜘蛛がウンカを食べに来たときに張られたものだったのでしょう。この蜘蛛はいったいどこからやって来て、そしてどのようにして一晩でここまでの蜘蛛の巣を張り巡らせたのだろう、これからどうなっていくのかと、しばらく田んぼを観察して過ごすといろいろなことが起きました。人間の範疇を超えたなにかが田んぼの中で確実にうごめいていました。

そして最終的には収量は減ったものの、米は収穫できました。

その全てが自然界の秩序であり、自然界の法則だったと今ならわかります。

このときもし、途中で手を打ってしまったら……。米を収穫するに至らなかっただけでなく、僕はこの光景に出会うこともなく、今の人生を歩んでいなかったかもしれません。

虫がいるのになぜ農薬をまかないのか

なぜ生産者さんは農薬をまかなかったのでしょうか。

自然栽培では、虫は害虫ではなく、浄化のための存在です。野菜にとって不自然である肥料を食べに来たり、病気の原因を取り除きに来る存在です。

このかたは自然栽培で米を育てていましたが、肥料をやめてからそこまで長い時間が経っていなかったため、土の中に以前使用していた肥料成分が残っていることがわかっていました。ウンカはその肥料を目掛けてやってきたわけです。農薬や化学肥料を使用する慣行栽培、有機栽培の田んぼに虫が来るのも理由は同じ、浄化のためだと僕は思います。

ここまで読んで、僕が話していることを疑問に思ったかたも多くいらっしゃると思います。

肥料が残っていると虫が来るの？　農薬をまいていても虫が来るの？

これについては、この本の中でしっかりとお話ししていきます。

僕はこの光景を見たときに、心に強く誓ったことがあります。それまでも思っていたことではあったのですが、確信に変わったのです。

「自然を規範に、自然と調和して生きよう」

虫や病気には意味がある。

自然は常にバランスを保とうとしている。

修復する力があり、必ずもとに戻る。どんなに時間がかかっても。

目の前に広がる田んぼを見れば、一目瞭然でした。

この地球は全ての生命がいてバランスが保たれています。ひとつ欠ければ調和が崩れる世界。ならばそこにいる人間もまた、生かし生かされている存在です。これが自然の仕組みです。

自然栽培は農法の一種ですが、生き方でもあると思います。

ちょっと考えてみてください。

田畑や作物にとっての農薬や化学肥料は、人間にとっての医療やクスリ。有機栽培で使う自然由来の肥料は、漢方薬やホメオパシーのレメディ、民間薬を使う代替医療などに置き換えられないでしょうか。健康でいたいからとサプリメントで補おうとするのも肥料的な感覚でしょうか。

そして僕がお話ししている自然栽培は、農薬、肥料も使いません。必要がないからです。人間も地球上における生物であるならば、もとに戻る力を持っているはずだと思います。だから、僕自身に関して言えば、自然栽培的な生き方を実践するべく、クスリも飲みませんし、医療にも頼りません。あの光景を見た日から四十余年、一度も、です。作物をはじめ、田畑やその土、周りの自然、そして農家さんから本当にたくさんのことを教えられ、確信を得られたおかげです。その確信は年月を追うごとに強いものになっています。

昨今では、情報源が増えたこともあり、医療やクスリになるべく頼らない生き方を選ぶ人が増えてきたように思います。化学的なクスリに代わるなにか、できるだけ自然に近いものを選ぶ道。今までの在り方を第一の選択肢と呼ぶならば、第二の選択肢とでも言いましょうか。

でも僕は、こう言いたい。もうひとつ選択肢があるよ、第三の選択肢があるよ、と。

自然と調和した生き方は、とても合理的です。なぜって、無駄なものがないからです。自然界に起こる原理原則に則れば、起きていることに一喜一憂しなくて済みます。起こることを自分たちの手でコントロールせず、秩序が戻るのを待つだけです。

人はなぜ第三の選択肢をチョイスしないのか。多くの人はその結果を見たことがないからではないでしょうか。

その結果が、僕が見た光の海です。

新型コロナウイルスで、世の中が急速に変わっていくのをみなさんは自分の目で見ました。この混乱した世の中がもとに戻るには、どうしたらいいのか。誰もが少なくとも一度は考えたのではないでしょうか。

コロナがここまでの騒動になったのは、ウイルスのせいでしょうか。それだけではないと薄々感じているかたもいるのではないでしょうか。

人間がしてきたことに対して、僕たちはなにができるのか。

なにかに頼らなくても大丈夫。不安に思わなくてもいいのです。

僕の話に耳を傾けてみようと思ってくれたら、どうぞこの後のページを開いてみてください。あなたにとっての光の海が広がることを願って。

プロローグ　ほんとの野菜とは？

「虫が食っている野菜はおいしい。虫が食うぐらいなんだから」

「色が濃いのは、自然でおいしい野菜の証拠」

「化学肥料より有機肥料の方がやっぱり安全だ」

「時間が経てば、野菜は腐ってゆくのが当然」……


当たり前のように伝わっているこれらの話。でも、僕のなかでは、どれも自然なことではありません。

その具体的な理由は、この本を読み進めてもらえば、きちんとわかるようになっています。じらして後回しにしているわけではありませんので、悪しからず。

買った柿は「腐る」、庭先の柿は「枯れる」

僕が自然栽培を知ってから四十七年という月日が経ちました。

この自然栽培という言葉、まったく聞いたこともない人もいると思います。簡単に言えば、農薬も肥料も使わずに野菜を育てる栽培法のことです。ただそう言っても、ピンとこない人もたくさんいるでしょう。

たとえば、野山や庭先になる柿や梅、夏みかん。誰かがなにかを加えることなどないのに、虫に全滅させられることもなく育ち、毎年きちんと実をならします。なのになぜ、僕たちが食べる果樹や野菜は、虫を殺すために農薬をまき、栄養を補足するために肥料をやらないと育たないのか。

そしてまた、野山に生える草花は、その生命をまっとうすると枯れていきます。一方で、僕たちが食べている野菜は？　時間が経つと「枯れる」のではなく「腐る」のが大半でしょう。冷蔵庫の中で、野菜が腐っている姿を一度は目にしたことがあると思います。

野山に生える草花と、野菜。同じ植物のはずなのになぜ？——僕の中に生まれたこんな疑問が、今の仕事にたどり着くための第一歩となりました。

「姉の死」をきっかけに、野菜について考えた

最近では、肥料はともかく、農薬不使用の野菜の存在はかなり巷(ちまた)に浸透したと思います。しかし、僕が、この自然栽培の普及に努めようと決意した四十年前は、肥料はもちろん、農薬を使わず野菜を育てるなんてあり得ない話で、「あいつちょっとおかしいんじゃないか」という扱いを受けたこともありました。

自然栽培野菜の普及に携わるとは、それほど、常識とは真逆の道を歩きはじめることだったのです。

まず、僕がはじめたことは自然栽培野菜の引き売りでした。二十六歳のときのことで、ぽんこつトラックをローンで購入し、野菜を載せて街を徘徊しました。

「農薬も、肥料も使わずに育った野菜です」

「エネルギーが詰まった野菜です」

まぁ、どんなに声高に叫んでも、ほとんど売れません。自然栽培なんて誰も知らないのは

もちろん、そもそも当時はまだ、自然栽培の野菜を栽培している農家さん自体をほとんど知らず、お世辞にも「八百屋さん」と呼べるような種類の野菜を用意できなかったのですから、買ってもらえるわけもないのです。

結局、売れ残った野菜を持ち帰っては食いつなぐ毎日で、僕の志はこんなにも早く途絶えてしまうのかと、近所の公園で泣いた日もありました。

それでも僕は自然栽培による生命力みなぎる野菜を多くの人に食べてもらいたかった。なぜそんなにも強くこだわったのか。

僕は十六歳のときに、四つ上の姉を骨肉腫で亡くしています。彼女は発病して五年もの間、入退院を繰り返し、からだは手術の跡で傷だらけでした。まだ高校生で、その闘病生活をただ見ていることしかできなかった僕は、「どうして人は病気になるのだろう？」「どうして入院するたびに姉は弱っていくのだろう？」、そんなことばかりを考えるようになっていました。

そして姉は、彼女の二十歳の誕生日にその短い生涯を閉じました。

その後僕は、さまざまな書物を読みあさる日々を送りました。そんななか、からだと食の関係がおぼろげに見えてきて、添加物や農薬のことに興味を持ちはじめます。食についてまったくの素人だった僕にとって現代の食事情、とりわけ野菜の農薬事情についてはただただ驚くばかり。

「こんなにも大量の農薬を使わなくては、野菜は育たないのか」

「野菜も人間と同じように、病気になって苦しみ、クスリに頼らなければ育たないのか」

そんな疑問を抱いていた頃、農薬を使わずに元気な野菜を育てている人たちがいることを知りました。自然栽培の実施農家さんです。

そして、その人たちのもとで修業をさせてもらうことになったのです。数年間のサラリーマン生活を過ごしたあとだったので、姉の死からすでに十年が経過していました。

修業は、一年という短い期間でしたが、自然栽培と向かい合うなかで、僕は自然界から本当に多くのことを学びました。冒頭でお話しした光景を見たのもこのときのことです。

農薬や肥料など人為的なものを加えないということは、野菜が植物として本来持つ力と、土が持つ力を頼りに自然の摂理に則って野菜を育てるわけです。だから、タネが、出て来た芽がどうしたいのか、否応なしに自然の声に耳を傾けなくてはいけませんでした。そうしなければ、野菜は育ってくれなかったのです。そのことに集中してきた結果、野菜づくりだけでなく日常のさまざまな場面で、自然の声を強く意識するようになりました。

不純物を入れない、不純物を出す

先ほどもお話しした通り、僕は自然栽培を知ってからはクスリを飲んだことがありません。風邪をひいても、頭が痛くてもクスリは飲みません。健康診断を受けることもなく、お医者さんにかかることもありません。

それでも元気に生きています。

まあ、結果を振り返ってみると、僕がこれまで運良く健康体だっただけかもしれませんが、農薬にも肥料にも頼らず、自分のちからで元気に生長する自然栽培の野菜を見て、「自然とはどういうことなのか？　自然に生きるとは？」と、ただそれだけを考えて生きてきた結果だと思っています。現に、「健康でいたい」と思い、クスリを飲まない代わりになにか特別なことをしてきたわけではないのです。

自然栽培では、「不純物」が入っていない野菜は病気にかからない、虫が寄ってこない、そして、虫は病気のもとが野菜の中にあることを教えてくれる存在で、病気は「不純物」を出そうとする浄化の作用、と考えるのは前述した通りです。

人間も同じだと考えると、熱が出るのは、「不純物」が体内から出たがっているサイン。だから、熱に対しては「上がった」のではなく自ら必要があって「上げている」ものとして捉え「からだの中に溜まったものを溶かし出してくれてありがとう」と感謝します。

一般的な考え方とはだいぶちがうかもしれません。

でも今、四十年以上病院にかからなくてもこのように健康でいられるのは、こうやって考えてこられたからだと信じることができます。

なぜ自然栽培でなければいけないのか

現在僕は、ナチュラル・ハーモニーという会社で、自然栽培の生産者と消費者をつなぐため、流通という分野で野菜やお米に関わっています。神奈川には自然と調和するライフスタイルショップを、そして千葉に流通の拠点を置き、オンラインストアで自然栽培の野菜やお米、それらを原料とした加工品などを消費者の人たちに提供したり、飲食店に卸したりしています。

さらに、自然栽培をより普及させるため、「自然栽培全国普及会」を発足し、全国各地の生産者さんをたずね歩き、自然栽培について話したり、セミナーを開いたりしています。

自然栽培を普及させようと決意してから、ようやくここまでこぎつけました。なぜ自然栽培でなければいけなかったのか、その思いをこの本にしたためました。

これから話すことは、あくまでも僕が実際に体験してきたことから、僕が感じ、考えてきたことです。だから、もし納得のいかないことがあれば、それはあなたの体験として、あなたが感じたことを大切にしてほしいのです。なぜなら僕が話すことは、今まであなたが蓄えてきた知識や世の中の常識とは少なからずちがうと思うからです。

でも決して、僕は飛び抜けた体験をしたわけではなく、そこから特別なことを話すわけではありません。

一度、頭と心をまっさらな状態にして、僕の話すことを、知識ではなく、あなたの感性で感じてみていただけると幸いです。

目次

自然栽培のように生きる——リニューアル版刊行にあたって 3
一生忘れない、あの光景
虫がいるのになぜ農薬をまかないのか

プロローグ ほんとの野菜とは？ 11
買った柿は「腐る」、庭先の柿は「枯れる」
「姉の死」をきっかけに、野菜について考えた
不純物を入れない、不純物を出す
なぜ自然栽培でなければいけないのか

第1章 野菜は本来、腐らない 27
庭先の柿とスーパーの柿のちがい
虫と人の「おいしい」は同じなのか
肥料を使わなければ、虫は自然にいなくなる

第2章 ほんものの野菜を見分ける
——農薬と、肥料について考えたこと——

雑草はいずれ生えてこなくなる
野菜の病気も、大切なプロセス
腐る作物と発酵する作物
腐る野菜と枯れる野菜、どちらを食べますか？
発酵しない食べものがもたらす世界
生命力あふれる野菜が教えてくれること
いちご農家は、いちごの表面をむいて食べる？
土にもタネにも、農薬は使われている
有機ＪＡＳマークが付いていれば農薬不使用なのか
「輸入野菜より国産野菜」は本当か
農薬不使用なら安全なのか
牛が知っていた自然な野菜と不自然な野菜
緑が濃い野菜はからだによいのか
肥料はなんのためにある？

化学肥料じゃなくて有機肥料ならよいのか
有機野菜のショッキングな事実
腐る有機野菜と腐らない有機野菜
おいしい野菜とは、プロセスを経た野菜である

第3章 肥料はなくても野菜は育つ
——土について考えたこと—— 73

どうやったら農薬肥料不使用で野菜が育つのか
大切なのは自然の循環のサイクルを崩さないこと
土から不純物を抜く
異物の入った土には「肩こりや冷え」が溜まっている
有機栽培の落とし穴
土の「凝り」をほぐす方法
土の滞りのもうひとつの原因は硬盤層
隙間がある土がよい理由
重機を使用するにもバランスが必要
人と自然がコラボすれば、野生よりもおいしい野菜が育つ

土がきれいになれば、ミミズは自然にいなくなる
歴史のある土がおいしい野菜を作る
土がちがえば、できる野菜もちがう
同じ畑で同じ野菜を作り続ける
地元でも大きな収穫量をあげる自然栽培の田んぼ
「不耕起栽培」とのちがいは
一生懸命育った野菜はおいしい
自然栽培の野菜は価値観を変える

第4章 その野菜、命のリレーができますか？
——タネについて考えたこと—— 113

タネを水に落とすと、水が青く染まる？
キュウリから白い粉が出るのは自然なこと
命のリレーができないタネが主流になっている
営農の視点からF1種を考える
遺伝子組換えはこんなに身近にある
遺伝子組換え食品の表示の裏側

原因は日本の食料自給率の低さなのか
私たちには知る権利がある
品種改良の実情
タネなしフルーツの背景には
タネを採り続ければ思いがけないプレゼントがある

第5章 「天然菌」という挑戦 ——菌について考えたこと——

143
市販の味噌を食べられない人がいる
天然菌を使っていない発酵食品
その菌はつくられている
天然菌とつくられた菌はなにがちがうのか
菌は「業者から買う」のが当たり前
菌にも地域の味がある
天然菌の復活 その①〈昔は蔵にいた〉
発酵文化の衰退は四百年前からはじまっていた？
天然菌の復活 その②〈天然菌の自家採取の再開〉

素材の大豆に生命力がなければよい菌は付かない
天然菌の復活 その③〈うまみの四重奏〉
化学物質過敏症の人でも食べられる
だしがいらない味噌汁
天然菌で広がっていく発酵食品いろいろ
納豆の旬とは？
味噌汁は自然がつくった完成形
菌は人間に必要なもの

第6章 自然は善ならず
——自然界を見つめなおして思うこと—— 175

できることから少しずつ、でかまわない
「植物を食べる」ことの意味
野菜の栄養価は昔より落ちている
戻るのではなく、進む。第三の選択肢
不自然を自然に戻すちから

第7章 野菜に学ぶ、暮らしかた

――自然と調和して生きるということ――

野菜と人は同じ、と考えてみる

健康法は「入れない」そして「出す」

風邪をひいた社員を褒めまくる

クスリを心の拠りどころにはしない

あえて手を打たない選択をしてみる

コロナ禍で僕がとった選択肢

栄養素という概念をとりあえず捨てる

イヤだと思うものに、あえて感謝の気持ちを持ってみる

こころに凝りを作らない方法

ファストフード一日四食からでも遅くない

第1章

野菜は本来、腐らない

庭先の柿とスーパーの柿のちがい

よく庭先で見かける柿の木は、なんの手入れもしていないのに毎年実をならします。野山の中の柿もそうです。農薬や肥料を施さないのに、みんな元気に生きています。一方、食用の柿の場合、たとえ農薬不使用であってもほとんどの場合、肥料を使って育てられています。同じ柿なのに、なんだか不思議です。

肥料がなくても育つのに、なぜ肥料をやるのでしょう?

それは、肥料のおかげで、豊富な収量が確保できたり、甘みが強くなったり、効果抜群だからです。

では庭先や野山でなる柿は、肥料をやらないのになぜ育つのでしょう?

それは、自然界のバランスが崩れていないからです。生態系のバランスがきちんと保たれているからなんです。

虫と人の「おいしい」は同じなのか

では、もうひとつ。農薬を使わなければ、果実や野菜などの農作物は壊滅的に虫にやられてしまうというのを、よく耳にします。

でも、先ほどの柿の話にしても、庭先やましてや山の中ならなおさら虫がたくさんいるはずですが、農薬をまかなくても、実はたわわになり、真っ赤に熟しています。もし虫にやられたとしても、食べられない状態にまでなることはありません。

さらに、「虫が食べる野菜はおいしい」という話が昔からありますが、庭先や野山でなる柿だって、渋柿ばかりでなく、かじれば瑞々しく、甘くておいしいものがあるのに、虫によって壊滅的な被害を受けるわけではありません。「虫が食べる野菜はおいしい」が本当なら、食べられてしまうはずだと僕は思います。

虫が寄る柿と、寄らない柿。なにがちがうのでしょうか。

自然栽培の考えによると、その答えは肥料です。肥料をやった柿、要するに人間が食べるためにつくられた柿だけが虫の害にあいます。だから、虫を殺すために、今度は農薬が必要になります。

柿をより甘く、よりジューシーに、そして生長速度を速め、大量に採れるように、そんな人間の願いを叶えるために肥料をやりました。その結果、虫が寄ってきてしまった。その虫を殺すために、今度は農薬をまきました。でも今は、できれば農薬が使われていないものを食べたいという人が増えている。なんだか少し不思議な感じがしませんか。

肥料を使わなければ、虫は自然にいなくなる

ではなぜ、虫は肥料に寄ってくるのか。

それは、野菜や果実にとって肥料が不自然なものだから、というのが僕らの自然栽培の考え方です。ここで言う肥料というのは、化学、有機にかかわらずです。その話は第2章で詳しくしますので、ひとまず前に進みます。

野菜を育てるには、「窒素」「リン酸」「カリウム」といった肥料成分が必要だと学校で習った私たちからすると、肥料が不自然なものということは、とても意外なことに思えるのではないでしょうか。

しかし実際に、肥料を使わないで野菜や果実を育てている、自然栽培の畑を見れば納得せざるを得ないと思います。肥料を使わない年数が長ければ長いほど、虫は減っていくのです。そして最終的にはいなくなります。虫は、野菜にとって不自然である肥料を食べにきたり、病気の原因などを取り除きにきてくれている存在と言えるのです。

平成十七年、各地の米農家さんたちはウンカの被害に悩まされました。どれだけ防除しても止められない状況でしたが、自然栽培で稲を育てる熊本県菊池市の富田さんの田んぼは一切の防除をしなかったにもかかわらず、ほとんど被害にあいませんでした。僕が修業に入っていた生産者さんより、自然栽培歴が長い田んぼでした。

自然栽培の畑で育ったキャベツや白菜のなかにも、外葉だけ虫に食われていることがあります。外葉は、最初に地上に出る発芽の部分です。この理由について僕らの観点から考察すると、今は自然栽培をやっている畑でも、タネ（種子）が一般の肥料・農薬漬けになっていた場合、その種子の不純物が野菜の初期の生育に少なからず影響し、外葉を虫が浄化する。だから残りの葉には肥料の影響はなく、虫に食われることもなく立派に育っていくというわけです。

「害虫」という言葉がある通り、従来の農業では虫は敵そのものですが、自然栽培の立場から野菜目線に立って見れば、自分のからだから必要のないものを抜いてくれるありがたい存在です。

雑草はいずれ生えてこなくなる

また虫と同じように、畑に生えてくる雑草も生産者さんたちを悩ませるもののひとつですが、前述の考え方を、虫だけではなく、草にあてはめることもできます。

以前、韓国の有機農業の生産者のかたがたを、千葉県富里市の自然農法成田生産組合の高橋博さんの畑に案内したことがありました。高橋さんは、もう四十年以上農薬も肥料も使わず野菜を育てている自然栽培の第一人者的な存在の生産者です。

畑を訪れたかたがたは、草一本生えていないその美しい光景に驚き、「草がないのはどうしてですか?」と口を揃えて聞いていました。その問いに高橋さんは、「草は土の機能を維持するために生えてくる存在なので、私たち人間が土を壊せば壊すほど生えてくるのです。自然栽培は機能が壊れた土を修復しますから、土が生まれ変わってその働きが戻り始めると草が生えて来なくなります。草が存在する理由がなくなるんですね」と答えていました。

たとえば、空き地などで目にするススキやセイタカアワダチソウのような背の高い草は、土を進化させるために自然に生えてくるもので、生えては枯れ、そしてまた生えるといったことを何度も繰り返します。そして土が進化するとその草は消え、ちがう草が生えてきます。ヨモギやカラスノエンドウなどの背の低い草です。そして、ハコベのような草が自然と生えてくるようになれば、それはその土が、作物を育てられる土になった合図と言えるのです。

僕がこれまで見てきた自然栽培の畑では、種まきや苗の植え付けの際を除けば、ほとんどの場合草を抜く必要がなくなります。なぜなら、栽培に不必要な草は自然に生えてこなくなるから。その野菜に適した土になると、役割を終えた草は自然と姿を消すのです。草はそれぞれ使命を持っているように僕は思います。

「何年くらいで高橋さんの畑のようになりますか？」という質問に、高橋さんは「まず土を本来の姿に戻すために肥料分を抜かねばなりません。期間は、今まで土に入れてきた肥料の量と質によるので畑の状況によって異なります」と回答していました。そして「肥料を取り去ることができたら、農業がとても楽しくなりますよ」という言葉に、みなさん驚いていました。

野菜の病気も、大切なプロセス

農家さんにとって、虫や雑草に加えて、野菜の病気は深刻な問題です。ひとつの作物が病気になれば、ほかの作物にも伝染し、ひいては畑全体が侵されてしまう可能性があるからです。そうなったら死活問題ですから、農薬でなんとかその病気を最小限に抑えようとします。

そもそも病気って、なんでしょうか。僕らは、崩れた自然のバランスをもとに戻すもの、と捉えています。中に溜まった不自然なものを一生懸命、外に出してくれる浄化の作用と言えばわかりやすいでしょうか。ですから、困ったものではなく、逆にとてもありがたい現象なのです。その場だけを見ると、病気はとても困った現象に思えてしまいますが、そこで不自然の原因を外に出せたおかげでまたバランスを取り戻せるなら、悪いことではない、と考える。一時的に野菜を襲った病気は、崩れてしまった自然のバランスを取り戻すための大切なプロセスだと思うのです。自然界の秩序は草木だけに当てはまるものではありません。しつこいようですが、僕たち人間も自然界の一部ということを忘れないでください。自然のバランスが保たれていれば、肥料や農薬がなくても作物は育つ。これが自然栽培の簡単な原理です。

肥料や農薬は確かに効きます。でもその反面、自然のバランスを崩してしまいます。肥料を与えたために虫が寄ってきて、その邪魔者を処分しようと殺虫剤が必要になり、草の役割を理解しないために、いらない雑草と扱って除草剤をまかなくてはいけなくなる。病気になれば、農薬というクスリでその場をしのぎ、それがまた土を汚して翌年の作物に影響を与えてしまう。

残念ながら、僕には人間が自分たちのためと思って行ってきたことが、自分たちの首を絞めてしまっているように思えてならないのです。

腐る作物と発酵する作物

プロローグでも少し触れましたが、スーパーで売っている野菜はなぜ腐るのでしょうか。

植物は、どの山や野原を見ても枯れて朽ちていくものですが、私たちが食べる野菜だけは腐ります。しかしそもそも、人間によって栽培される野菜も植物という点では同じですから、「枯れる」のがふつうなのではないでしょうか。

こう考えると、「腐る」ということは自然の摂理に反しているように思えてきます。

僕たちが以前から行っている実験があります。野菜の腐敗実験です。

キュウリやにんじんなどの野菜をスライスして、煮沸したビンに入れます。フタをして保管しますが、フタは適度に開けます。

同じ条件のもと、同じ野菜で栽培方法が異なるものを三種類用意しました。農薬や化学肥料を使って育てた一般栽培のもの、有機肥料を使った有機栽培のもの、農薬も肥料も使わず育てた自然栽培のものです。あとは時間の経過でどのように変化していくかを見るだけです。

結論を言うと、一般栽培と有機栽培のものは腐りましたが、自然栽培の野菜はほとんど腐りませんでした。もちろん防腐剤などは使っていません。

また、同じ実験を有機栽培の米と、自然栽培の米でもやってみました。炊いた米を十日ほど置いたところ、有機栽培の米は腐ってなんとも言えない悪臭を放ちはじめました。では、自然栽培の米はどうでしょう。フタを開けると、甘〜い、いい香りが広がりました。自然栽

キュウリの腐敗実験。左が自然栽培、中央が有機栽培、右が一般栽培のもの。

培の米は腐敗ではなく発酵し、甘酒になりはじめていたのです。

柿でも実験してみました。一般栽培のものと、庭先のものです。前者はカビが生えて腐っていきましたが、後者は甘い香りを漂わせたあと、柿酢になっていきました。先の甘酒になった米もさらに放置しておけば酢になります。酢の原料は酒ですからね。野菜だったら、条件が整えば、発酵して自然に漬け物になります。

なぜ自然栽培の農産物が腐らないかと言えば、そこに集まる菌も自然のバランスが保たれているからだと僕らは考えています。病原菌が寄ってきても、素材自体のバランスがよいため感染しません。予防しているわけではなく、もともと病原菌のつけ入る隙のない素材と言えばいいのでしょうか。菌については第5章で詳しく話します。

でも腐ってしまった方の農産物は、残念ながら病原菌にやられてしまいました。どんなことをしても漬け物にはならないし、酒にも酢にもなりません。食べられる姿になることはなく、ただただ腐敗が進んでしまいました。

少し逸れて人間の病気の話ですが、最近では、人はウイルスに感染しているのではなく、自ら引き込んでいるという説があるそうです。

この説を知ったとき、自然栽培的思考だと思いました。からだは体内の状態を知っていて、ウイルスを使って自身の掃除をしている。要するに、体内にウイルスを引き込む要因があるのではないかと僕は考えました。

この腐敗実験から考察すると、不純物を蓄えた作物は自ら菌を呼び込み、浄化しようとしているのではないか。

その証拠と言わんばかりに、腐敗した作物はどちらも最後は水になります。要するに、全て水分に戻して地球に還っていくんですね。結果は同じでも、たどるプロセスがちがう。一方は発酵して酒になって酢になり、水になる。そして一方は、腐敗して水になる。発酵する農産物は、この世に存在する時間が長いことがわかりますね。長生きの野菜です。

発酵する野菜と腐敗する野菜。

この差はいったいなにが原因だと思いますか。

ひとつ断っておきたいのは、自然栽培の作物でも腐る場合があります。それは、自然栽培の期間が短い農作物で、以前使用していた農薬や肥料が抜けきっていない土で育ったものです。このことも、発酵と腐敗の差を考える大きなヒントになります。

腐る野菜と枯れる野菜、どちらを食べますか？

腐る野菜について話してきましたが、この話をすると必ず出てくるのが「別に腐ってもいいんじゃないの。新鮮なうちに食べればいいんだから」という声です。

そういう人たちには、37ページの写真を見比べてもらったうえで、キュウリにせよ大根にせよ同じ野菜で、いずれ腐っていくものといずれ枯れていくものの二種類があったとしたら、どちらを口にしたいか。あるいは、どちらを自分の子どもに食べさせたいか、と僕は問いたい。

おそらく前者を選ぶ人は少ないのではないでしょうか。それが答えではないかと僕は思います。理屈ではなく、五感の問題です。

僕たちは頭で考えてしまうけれど、僕たちのからだは大いなる自然界と同じメカニズムではないかと考えます。

新型コロナウイルスが流行した折、「免疫力」という言葉がよく聞かれました。免疫力を上げるには、腸内環境が整っていることが重要だ。こんな話も一度は耳にしたことがあるでしょう。

腸内細菌はおよそ千種類一〇〇兆個以上とも言われ、多様性がとても大切で菌の種類が少なくなると、健康にも関わってくるそうです。そしてその多様性をつくり出しているのは、食生活。医師や研究者などの専門家が口を揃えて言うことです。

そこで人びとは「菌活」と言ってヨーグルトの乳酸菌を一生懸命腸に運ぶわけです。しかし最近の研究では、食べた乳酸菌などがそのまま腸内に住み着くことはほとんどないことがわかってきているそうです。腸内細菌は外部からの菌を嫌いますし、乳酸菌は多くの場合、腸に届く前に胃酸で溶けてしまうとの説もあり、人間の思惑通りにはいかなそうです。ならば、無理に腸に運ぼうとせず、腐敗するのではなく、発酵する食材を口にするのはどうでしょうか。そのほうが合理的で安心ではありませんか。

自然の摂理、植物の生理のうえでは、腐ることはあり得ないことです。枯れるか、発酵していきます。ですから、腐る野菜というのは、植物本来の姿ではないのです。でも悲しいかな、人間が手を加えた野菜だけが腐ってしまう。そして今、市場に出回っているほとんどの野菜が腐ります。それらは、表面上は野菜の顔をしていますが、野菜の生理を持たない食べものと言えるかもしれません。

もしそうだとすれば、今地球上に存在する野菜は生態系を壊し、その野菜のような食べ物を口にする私たち人間の生理にも影響をもたらすのではないか、と僕は考えることがあります。

発酵しない食べものがもたらす世界

昭和初期、自然栽培の創始者がこんなことを言っていたそうです。

「食べものが山ほどあっても、今にどれひとつ食べられないという時代がくるよ」

今のままでは、その危機を迎える日は決して遠くないと僕は本気で感じています。なぜなら、野菜だけの話ではないからです。早く大きく育てるために抗生物質やホルモン剤を打たれた豚や牛などの食肉、鮮度保持剤に漬けたり、抗生剤の中などで養殖された魚、化学的に作られた調味料、添加物がたくさん入った加工食品など、見た目だけがその形をした食べものは数え上げたらキリがありません。

そしてまた、これらが引き起こすのは自分たちの健康被害だけではありません。地球環境汚染に異常気象、食糧難に影響を及ぼしています。ここに挙げた社会的問題は、僕たち人間がつくり出した側面もあることを知っておかなくてはいけません。

農薬や肥料が環境に負荷をかけることはわかっているけれど使わないわけにはいかず、知っていても買い続ける。そんな社会や生活スタイルも少なからず影響しています。自分が生活の中で捨てたもの、排水の行方は？ そういったものがどうなっていくのかを意識せず、流したら流したまま終わっていませんか。

ロシアとウクライナの戦争により、肥料の輸入が厳しくなり、市場価格はより高騰し、作物の売上利益よりも肥料代が上回るという皮肉な現実もあります。輸入食材、農業資材の円安による買い負けも打撃となり、食料自給率の低い日本は世界でも最初に飢える国と言う識者もいます。さらには化学肥料の成分として欠かせないリン、カリウムの原料となる鉱石が数十年で枯渇（鈴木宣弘著『世界で最初に飢えるのは日本──食の安全保障をどう守るか』（講談社＋α新書）より）し、もうひとつの必須成分窒素に関しては、環境への弊害から人体へ及ぼす影響もかなり前から懸念されています。

この現実のなか、それでも農薬や肥料に依存した農業を続けるのでしょうか。このタイミングで次の一手をどう打つか。今、まさに日本のターニングポイントだと僕は思っています。農薬や肥料がなくてもやってみよう、となれるかどうか。

原油高騰に加え、もともと後継者が不足している農業において、コロナにより主に外国からの労働力がストップしたことも深刻な問題でした。さまざまな要因が日本の食の安全保障を脅かしています。次から次へと出てくる問題に場当たり的に手を打つやり方は、結果問題を上乗せしてしまった、足し算が招いた結果です。

今こそ足し算から引き算へ。

第3章で後述しますが、自然栽培を始めるには土の中にある不要なものを取り除くことが重要です。なぜなら、土中に不要なものがあると、作物が自らの持つ力を発揮できず、結果なにかに頼らなくてはいけなくなるからです。

土が本来の力を取り戻せば、作物が自らが持つ力だけで育っていける。

作物が自立するためにこそ、不要なものを取り除いていく、引き算の世界です。

問題の根本を見つめ、不要なものはひとつずつ取り除いていく。そうすれば、自然界の仕組みが働くようになり、自ずと問題解決の方向が見えてくるはずです。

今、僕たちにできることはなんでしょう。

まずは「人間も自然界の一部だ」と自覚を持つこと。自分たちも植物や動物と変わらない地球上の生命のひとつだと自覚をすれば、さまざまなものの見え方が変わってきます。ひとつの生物としてどうあるべきかを自然界から学ぶときが来ています。

自然栽培は、自然界の仕組み、自然と調和して生きていく方法を教えてくれるバイブルだと思います。だからみなさんに知ってほしいと強く思うのです。

生命力あふれる野菜が教えてくれること

こんな実験をしたことがあります。茨城県の自然栽培農家・田神俊一さんが育てたキュウリを二つに折りました。キュウリが持っている生命力や新鮮さをチェックするためには、二つに折れたときその断面がすぐにくっつくかどうかを確認するのですが、その田神さんのキュウリは断面を合わせるとすぐにくっつきました。

そのままキュウリを置いたままにして様子を見ていました。すると半分だけが最初に枯れて、順次、残り半分も枯れていきました。枯れたキュウリというのはなかなかお目にかかれるものではないと思いますが、まるでバナナのように芳醇な香りがしたのに驚きました。

さらに、なかなか枯れなかった方のキュウリはその断面をよく見てみると、タネがまだ固まらず熟していないように見えました。それはまるで、「折られる」という非常事態に直面し、半分が犠牲になり、半分を残すことでタネをつなごうとする生命の姿のように見えました。

肥料で栄養を補い、虫除けにクスリを塗られる野菜。かわいそうにも感じられてきます。

そんなことをされなくても、自分の力で立派に育ち、子孫を残していく力を持っているのに。

自分の力で生きようとする野菜は、エネルギーに満ちあふれています。

三十八年前、僕が自然栽培の野菜をトラックで引き売りしていた頃、「農薬不使用の野菜です」「生命力にあふれた、肥料も使わずに育てた野菜です」とどんなに声高に叫んでも、見向きもしてもらえませんでした。

それでも僕がその苦境を乗り越えられたのは、売れ残った野菜を食べていたからだと確信しています。「もうダメだ」「もうやめよう」と何度思っても、野菜の生命力が僕の折れそうな心を立ち直らせてくれました。

私たちのからだは、言うまでもなく食べものでつくられています。自家採種したタネからまた実をならす野菜や果実は、命のリレーをきちんと行っている農産物です。お母さんが赤ちゃんを産み、命をつなげていくように。そんな野菜が、私たちに力を与えてくれるということは、感覚でわかってもらえるのではないかと思います。

エネルギーあふれる野菜や果実をぜひ食べてもらいたい、僕はその気持ちで自然栽培の野菜や果実を三十八年間、売り続けてきたのです。

ほんものの野菜を見分ける

——農薬と、肥料について考えたこと——

第2章

いちご農家は、いちごの表面をむいて食べる?

近年、農薬不使用や農薬を減らした野菜を買う人が増えています。一般の野菜よりもやや割高なことが多いのに売れているというのは、それだけ、農薬の危険性を多くの人が意識しはじめているということでしょう。

「いちご農家の人は、自分の育てたいちごを食べない」「いちごの表面をむいて食べる」なんて話を聞いたことがあります。

なぜ農家の人が自分の育てたいちごを食べないのか。それは、農薬の怖さや害を生産者が一番よく知っているからです。もちろんふつう、いちごは食べるときに皮をむきませんが、果実に何回ともなく直接農薬がかけられていることを知れば、そのまま食べるのに抵抗を感じるのは僕だけではないでしょう。

本当の旬より早く収穫するために、たいていの場合、いちごはハウス栽培です。となると、まいた農薬は出ていく隙間がないために揮発しきらず、ハウスの中に充満してしまいます。農薬を散布するときそのクスリを直接吸わないために、ハウスに入るときに生産者は完全防備をします。こんな話を聞けば、いくら「微量であれば人体に影響はない」と言われているとはいえ、身構えてしまう人は多いと思います。

野菜の流通の現場にいると、ほかにもこんな声が聞こえてきます。キュウリに計五十～六十回、収穫前の数日を除いて毎日、消毒剤を使用する生産者がいる……、玉ねぎも多種の農薬を使うため、箱詰めする人は手の皮がボロボロにむけてしまう……。

土にもタネにも、農薬は使われている

また、あまり一般に知られていないと思いますが、農薬を使うのは作物に対してだけではありません。たとえば、一般に売られているタネはほとんどが農薬や発芽促進剤が塗布されています。せっかくまいたタネを虫に食べられてしまっては、野菜が育たないからです。

さらに一般栽培の、とくに根菜をつくる際、タネを植える前の土にも土壌消毒剤という農薬が注入されます。土の中にわく、虫や病原菌を予防するためです。

この土壌消毒剤として、以前は、臭化メチルという毒性の高いものをまいていましたが、オゾン層を破壊し、温暖化の原因になるという理由で、モントリオール議定書締約国会合で

二〇〇五年の全廃が目指されました。現在も、土壌消毒剤はなくなるわけではなく、臭化メチルに替わる農薬が開発されています。

しかし、自然界の生物は強い。どんなクスリを使っても、使っているうちにそのクスリに対抗できるだけの、耐性を獲得します。虫や微生物、病原菌は世代交代を繰り返すうちに突然変異体を生み出すのです。つまり、農薬は、使えば使うほど効果がなくなるということです。だから、人間はさらに強いクスリを開発する。いたちごっこです。

土壌消毒剤は、土の水分や養分を保持する能力を低下させます。それはクスリの影響で、土中の微生物が死滅してしまうからです。すると、少しの雨でも表土が流れてしまったり、土が乾いて砂のようになり植物が育たなくなったり、最悪の場合は砂漠化という事態を招いたりする可能性もあります。

これに対して、土の質が変化してしまうことへの対処法が講じられているわけです。しかしそれを考えるだけの知能があるのなら、根本的な原因を取り除く、つまり土壌消毒剤を使わなくても元気な野菜を育てるための方法にその知恵を使えばいいのに……とずっと僕は思ってきました。

臭化メチルを原料とした土壌消毒剤が、地球環境に影響を及ぼすことがわかった今、使われはじめてから禁止されるまでの教訓を生かし、土壌消毒剤自体を使わないやり方を模索する方向に向かわなければ、いくらクスリの種類が変わったとは言え、また新しい問題が生まれてくるだけだと思うのです。

有機ＪＡＳマークが付いていれば農薬不使用なのか

スーパーマーケットで「有機ＪＡＳ」マークのシールが貼られた野菜を見かけることも珍しくなくなりました。からだによいイメージで、人気もあるようですが、この有機ＪＡＳマークの野菜がどのようにつくられた野菜で、ほかとどうちがうのかを詳しく知っているかたは案外少ないのではないでしょうか。

それを説明する前に、まずはざっと農薬の歴史を追ってみます。

古来から虫を防止するためにさまざまな工夫がされてきましたが、効力の高い農薬が広く使われはじめたのは十九世紀に入ってからとされています。

日本では、第二次世界大戦後の食糧不足の頃、効果が強力な農薬が虫から作物を守って大きな実りをもたらし、人びとを食糧難から救う一助となりました。しかし、ときが経つにつれて人体への影響も問題視されるようになり、一九七一年には農薬取締法が大きく改正され、毒性・残留性が高い農薬は次々に姿を消していくことになりました。

当時、それでも農薬自体はなくならず、多くの農家さんが使い続けた理由は、生産の効率性を高めるためにほかならなかったということでしょう。

しかしこのままではいけないと、改正法が出された同年、設立されたのが日本有機農業研究会です。化学の力に頼らない昔ながらの農法が復活しました。

そして、「有機農業の推進に関する法律」に基づき、農林水産省が「有機農業の推進に関する基本的な方針」を策定しました。有機ＪＡＳ（JAPANESE AGRICULTURAL STANDARD の略）規格です。これに基づいて作られた野菜が、有機ＪＡＳマーク野菜です。

消費者である読者のなかには、「有機野菜はどれも農薬不使用だ」と思っているかたも少なくないと思います。

しかし、残念ながら、そうではありません。有機野菜の定義についてはのちに詳しく書きますが、市販されている有機野菜の多くに農薬が使われているのが現状です。

この有機JASは当初から農薬の使用を認めていて、さらに年々認定農薬の数が増えています。なぜか？　そうでなければ農産物としての、私たちが食べる野菜が育たない現実があるからです。

「輸入野菜より国産野菜」は本当か

二〇二〇年FAO（国際連合食糧農業機関）の調査によると、日本は欧州諸国よりも農地面積あたりの農薬使用量が多いという結果が出ています。輸入野菜と比べて国産野菜は安心、というイメージを持たれているかたも多いでしょうが、こと農薬にいたっては国産であっても決して安心できない悲しい実情です。

危険性がわかっていながら、それでも農薬がなくならない。

なぜだと思いますか？

今となっては生産者さんの効率性だけの問題ではなく、消費者が食べものの形や規格にうるさいといった日本人の国民性も大きく関係しているような気がします。やはり、形のきれいな野菜、大きさの揃った野菜の方が消費者に人気があってよく売れる。そうなると、生産者さんは見た目の美しい野菜を作るためによりクスリや肥料に頼るようになります。

先にも話したように、戦後の食糧難時代には、農薬や化学肥料は確実に必要なものでした。極端な話、そうでなければ餓死する人がもっと増えていたかもしれません。

しかし、いつしか人びとを救った化学の力は、「早く」「美しく」「大量に」といった効率や合理性を追いかけるためのものになっているように思います。これは消費者の求めるものを、生産者が具現化しようとした結果だと僕は思います。そもそもＪＡＳ規格自体、一九五〇年に生産の合理化、消費の合理化のために制定されたものでした。

必要だった時代から、使い過ぎや求め過ぎたために、悪い結果を招いてしまった。

僕たちは、そろそろこのことに気づかなくてはならないような気がします。そうでなければ、危険だとわかっていながら、農薬に頼り続けてしまうのではないでしょうか。

農薬不使用なら安全なのか

前述したように、今の有機ＪＡＳ規格に基づいて栽培された農産物には農薬が使われている可能性があるわけです。

せっかくの有機栽培なのだから、農薬は一切使わなければいいのに。今まで僕が話してきた農薬の話を聞けば、そう思われても当然です。

でも、僕の考えはちょっとちがいます。

「農薬だけでなく、肥料もあげなくていいのに」、です。それは化学でもあっても、有機であっても。

野菜を育てるにあたり、肥料が不必要なものじゃないかという提案を第1章でしました。ここからその理由について話したいと思います。

野菜や果物などの農作物を育てるとき、なぜ肥料を入れるのでしょうか。養分を与えるため、元気に育てるため、枯らさないため、風味を向上させるため……。いろいろな理由があると思います。

どれも全て、現代では常識とされています。第1章でもお話ししましたが、農産物の栽培において肥料の効果は抜群です。

原材料の成分によって効果はさまざまですが、基本的には①養分供給、②成長促進、③収量確保など。これらが肥料の効果で、簡単に言えば、おいしく、早く、いっぱい育つ、といったところです。

成分としては、窒素・リン酸・カリウムが三大要素です。この三つは野菜に必要な元素と言われてきました。なかでも、窒素は植物の生長を格段に早めてくれる成分です。その効率を最大限に上げたのが化学肥料で、農薬と同じく、食糧難から人びとを救ってくれました。化学肥料で栽培すると、はじめのうちは収量も上がり、野菜の状態も抜群によくなるのです。

牛が知っていた自然な野菜と不自然な野菜

五十年以上自然栽培で野菜を育てた埼玉県の須賀一男さんから生前、おもしろい話を聞いたことがあります。

須賀さんの畑のそばの利根川河川敷で牛を放牧していたときのこと。牛が草をムシャムシャと食べているのをなんの気なしに見ていると、牛の様子がどうもおかしい。一カ所で草を食べるのではなく、あちこち動き回って食べているというのです。なぜだろうと思ってもう少し様子を見ていると、牛が食べているのはどうも淡い色の草ばかり。ところどころ生えている緑の濃い草を避けていました。不思議に思った須賀さんが草に分け入って調べてみると、濃い緑の草が生えているところには、例外なく牛が糞をしていました。つまり、牛糞に含まれる窒素分が肥料の役割を果たしていたのです。

緑が濃い草（野菜）と、緑が薄い草（野菜）のちがい。これは実は、肥料の話と大きく関係しています。

野菜は、生長に必要な窒素を「硝酸性窒素」という状態で土壌から吸い上げます。この硝酸性窒素、硝酸態窒素や硝酸塩、硝酸イオンと呼ばれることもある成分ですが、しばしば、僕たちの健康への影響が心配される声が聞こえてきています。

後に書きますが、たとえば、硝酸性窒素を肉や魚などの動物性タンパク質とともに摂取すると、発がん性物質に変化する、という説です。

窒素分は主に、植物の葉や茎の生育に関与しているといわれています。窒素分が多ければ野菜、とくに葉ものの緑は濃い色になります。

緑が濃い野菜はからだによいのか

スーパーで見る、ほうれんそうや水菜などの葉もの野菜や、あるいは大根やかぶなどの葉の付いた根菜。選ぶときに、葉の緑が濃いものを手にとるかたは多いのではないでしょうか。

緑の濃い野菜は健康的で「栄養価が高い」イメージがあり、実際に、消費者に好まれる傾向があります。そのため、一般栽培の農家さんは野菜の色が薄いと窒素肥料をまいて色を濃くすることもあるほどです。

しかし、この実態を知ると、水菜やほうれんそう、春菊やチンゲンサイ、サラダ菜などの葉もの野菜、緑色が濃い方が健康的でおいしいとは単純には言えないような気がしてきます。

ちなみに、窒素分が過剰に投入されていない葉もの野菜は、淡い緑色をしています。一見弱々しく思えるかもしれません。僕のお店を訪れたお客さまも、自然栽培の葉もの野菜を見て、その色にちょっと驚くくらいです。

でも、緑が濃い野菜の実態が、おいしそうに見せるために、わざわざ肥料を入れて色を濃くしたもの……と考えると、僕はそれを選びたくありません。使用するのが化学肥料であれ、有機肥料であれ、肥料を使っていては野菜の本質である生命力が欠如してしまっていると思うからです。

また、これらの葉もの野菜は、植物の生長で言えば、花が咲いたり実がなる前の、とても若い時期に収穫するものです。吸い上げた窒素は硝酸性窒素として茎や葉に溜め込まれ、生長するにつれて光合成によってタンパク質に変化していきます。しかし、葉もの野菜は若い時期に収穫するため、まだ硝酸性窒素がたくさん残っているということになります。

新留勝行著『野菜が壊れる』（集英社新書）によると、硝酸性窒素は体内で亜硝酸に変わり、肉や魚などの動物性タンパク質に含まれるアミンと反応すると、ニトロソアミンに変わるそうです。これが、胃がんの発生因子になっている可能性がある。この説によれば、野菜の質を選ばないと、ごちそうのはずのステーキとほうれんそうのソテーは、危険な食事になってしまうかもしれないということです。

前述の須賀さんの牛は、緑が濃く、一見栄養がありそうな草を本能的に拒否していたということになります。自分たちの糞によって硝酸性窒素が含まれた牧草が、自分のからだによくないものだとわかっていたかのように。

有機栽培では牛の糞尿を多用する生産者さんも少なくありませんが、化学、有機に限らず肥料は自然界には不必要なものだということがわかります。須賀さんもこの経験から、肥料の害について気づいたそうです。

肥料はなんのためにある？

ほかにも、肥料の効果はさまざまです。果菜のうまみを濃くしたり、甘みを強めたり、実づきをよくしたり。野菜に備わっている要素をより強めるイメージでしょうか。

もっと甘く、もっと大きく、もっといっぱい。

そんな欲求を叶えてくれる肥料ですが、ただ与えれば素晴らしい効果ばかりが得られるものなのでしょうか。

第1章でもお話しした通り、肥料をやると畑に虫が寄ってくるため、危険な農薬をまかなくてはいけなくなります。自然栽培の観点では、虫は余計なものの掃除屋なのでありがたい存在ですが、一般栽培や有機栽培の農家さんはだいぶ虫に苦しめられています。残念ながら、不要な虫が寄ってきてしまうのは肥料を投入した自分たちの責任、肥料の効果の代償は大きかった、ということが言えるのではないでしょうか。人間のからだに置き換えたら、クスリの副作用のようなものです。栄養だと思って足した肥料にも副作用があり、足せば足すほどに副作用は大きく複雑になってしまう。ならば、やり方を変えてみる。

足し算から引き算へ。これが僕の提案です。

肥料の影響はほかのところでも見られます。

環境問題です。

投入した肥料を野菜が全て吸収するわけではありません。では、どこへいくかというと、土に残ったり、地下水まで及びます。化学肥料であれ、家畜の糞尿である有機肥料であれ、過剰に投入された肥料が地下水に入れば、硝酸性窒素濃度が高まり、生活排水が混入するのと同じような状態になります。

有機栽培では、化学が危険で、自然のもの、つまり家畜の糞尿などであれば安全と考えられていますが、地球環境の面からは、自然由来の肥料でも問題であることがわかります。ちなみに家畜の糞尿には、遺伝子組換えの餌や抗生剤やホルモン剤の影響もあります。

また、肥料を与えることで土壌が弱り、野菜まで弱ってしまうことがあります。本来、野菜は大地に根を張って自らの力で養分を吸い上げて育ちます。しかし、肥料で養分を与えられることで、根を伸ばす努力を怠るようになるため、野菜自体の生育が悪くなってしまうのです。

さらに、植物が根を伸ばすことをやめると土が硬くなってしまいます。土の話については第3章で詳しく話しますが、微生物の数が減り、どんどん土が硬くなって野菜は根を地中深くまで伸ばせなくなってしまう。完全な悪循環ですね。もっと言えば、野菜が根を伸ばせずに育ちが悪くなると、農家さんは「肥料が足りないからだ」とさらに肥料を投入します。土が、野菜が、どんどん弱っていくことに早く気づいてほしい、と僕は思います。

ここまで農薬や肥料のことをお話ししてきたのは、このことを提起させていただくためです。

効果があれば、必ず反作用としての副作用があるのではないか。

これは、僕が自然栽培を通じて得た、もっとも重要な提起のひとつです。

化学肥料じゃなくて有機肥料ならよいのか

化学肥料と有機肥料。ちがいはよくわからないけれど、有機肥料の方がなんとなく安全だと思っていませんか。そもそもこの二つ、なにがちがうのでしょうか。有機野菜とはどんな野菜か説明できますか。

僕が講演などでこの質問をすると、よくこんな答えが返ってきます。

＊農薬を使っていない野菜
＊動物の糞などからできた肥料で育てられた野菜
＊安全な野菜
＊からだにいい野菜
＊機械を使わず、人の手によってつくられた野菜
＊化学物質が入っていない肥料で育てられた野菜

どれも間違いとは言いきれませんが、これだけ「有機野菜」という言葉が広まっているわりには、きちんと答えられる人はあまりいないようです。

有機野菜とは、有機肥料を使って育てられた野菜のことで、農薬を使うか使わないかは生産者さんによってさまざまです。

では、有機肥料とはどんなものなのか。

有機肥料は、米ぬかや油かす、動物の糞尿や木灰など、自然界にあるものを原料とした肥料で、遅効性と言って効果はすぐにあらわれませんが、土に留まってゆっくり長く効くのが特徴です。ちなみに、この肥料を使い有機JAS法に則って野菜を育てることを有機栽培と言います。一方、化学肥料は工場などで化学的に生産され、即効性に優れているのが特徴です。

有機肥料の原料のなかでも、動物の糞尿は窒素分が多いからとよく使用されます。かつては、糞尿を肥料にする場合は生では使わず、肥溜めを作って長い時間をかけて発酵・完熟させ、含まれていた窒素分や不純物を空気中に放散させ、虫や病原菌を呼び込まない工夫をしてきたと聞きます。

しかし、今ではそこまでの時間はかけられないからと化学培養された発酵菌を使い、早ければ一週間、通常でも三～六カ月という短い期間で作りあげ、畑に入れてしまう生産者さんがほとんどのようです。

畑に入れられた有機肥料は、しっかり熟成されていないために土に病害虫が寄ってきてしまいます。道ばたに落ちている犬の糞尿に虫がたかるのと同じことです。

先ほどもお話ししましたが、肥料の窒素分は、化学だろうが、有機だろうが、環境に及ぼす影響はどちらも変わりません。有機肥料の場合でも、窒素分は土の中で微生物に分解されて硝酸性窒素になる。硝酸性窒素について危険性が懸念されているのは前述した通りです。畑に投入する量も気になります。化学的なものではないから安全だと、効果を出すためについつい過剰に投入してしまうと、よくない結果が待っています。僕たちの体内に発がん性物質をもたらす可能性があり、地下水に混入して地球環境を汚染し、そして野菜とそれを育てる土壌を甘やかして悪循環を引き起こすことは、すでにお話しした通りです。

有機肥料だからといって、化学肥料よりいいとか、安全だとは言いきれないのは、これらの理由からなのです。

また、最近の有機肥料の実情は、残念ながら安全とは言い難いのが現実です。

たとえば「リサイクル」の名のもとに、畑にはさまざまなものが入れられています。出どころのわからない生ゴミや食品廃棄物、糞尿だって、それを排出する家畜のエサの質は問題ないのか。家畜に使用した抗生物質など薬剤の使用状況はきちんと把握されているのか。疑問は尽きません。

政府の動きで気になるのは、汚泥（おでい）を肥料として使う案です。ロシアとウクライナの戦争や、中国情勢も含め、肥料の輸入が厳しくなっているのは前述した通りです。そこで代替肥料として挙げられているのが汚泥。工業廃水や下水などの汚れた水を浄化する際に微生物処理を行って出た微生物の死骸や残骸のことで、これを農業向けの肥料として活用しようという案です。しかし、微量ながらカドミウムが含まれている。イタイイタイ病の原因となった重金属なので、いち消費者としては決して軽く流せません。

有機野菜のショッキングな事実

第1章でビン詰めの腐敗実験について話しました。その結果、一般栽培と有機栽培の野菜は腐り、自然栽培の野菜は発酵していきました。

この差の原因はなんなのでしょうか。実は、ほかでもない肥料分なのです。化学にしろ、有機にしろ、肥料が入っている野菜は腐っていきます。「からだにいいと言われている有機栽培でも？」と驚いた人もいるでしょう。でも、これは本当の話です。

しかも、時間的な経過で見れば、この実験で一番はじめに形が崩れていったのが有機栽培の野菜でした。僕も正直、驚きました。化学肥料を使った一般栽培のものが最初に腐ると思っていましたから。

さらに、化学肥料のものは形を残しましたが、有機肥料のものは形すらほとんど留めませんでした。その実験で使った有機栽培のものは、オーガニック認証を取っているものだったのに、です。

そしてにおいですが、両方ともはっきり言って、とても臭い。でも、二つのにおいには質のちがいがありました。

一般栽培の方は鼻をつくようなケミカル臭、有機栽培の方はなんとも表現しがたい、糞尿のようなにおい。とてもとても嗅いでいられるものではありませんでした。ちなみに自然栽培のものは、第1章でも話した通り、どこかほんのり甘く、決して不快なにおいではありませんでした。

腐る有機野菜と腐らない有機野菜

有機野菜のにおいを嗅いで、僕は疑問を持ちました。「使われている肥料の量や質はどう

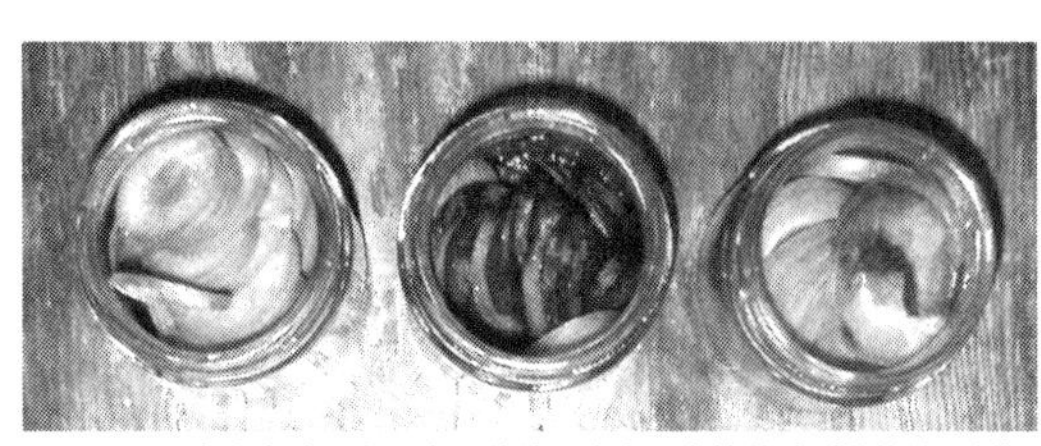

にんじんの腐敗実験。左が自然栽培、中央が有機栽培（動物性肥料）、右が有機栽培（植物性肥料）のもの。

だったのだろう」ということです。

僕は、自分の目で確かめないと気が済まないタイプの人間ですから、また実験をしてみました。

有機肥料にもいろいろあって、大きく分けて二種類に分けられます。ひとつが牛や豚など動物の糞尿を発酵させて作る動物性肥料と、刈った草を発酵させた堆肥や、米ぬかやふすま、米ぬかなどを発酵させたボカシなどの植物性肥料です。たいていの生産者さんは両方を組み合わせて使います。

二回目の実験で用意した野菜は、肥料不使用、動物性肥料、植物性肥料のにんじん三種類。ビンに入れました。

最初に腐ったのは、動物性肥料の野菜でした。ひどい腐敗状況でした。植物性肥料の野菜はそこまでひどく腐らず、形は保たれていました。肥料不使用のものは前と変わらず、発酵して漬け物になっていました。

確かに畑でも、病害虫に悩まされているのは動物の糞尿堆肥を使っているところです。逆に、使用される糞尿堆肥の量が少ないほど農薬の必要が少なくなり、植物性のものが中心の場合は病害虫が少なくなっていくという傾向があります。

有機肥料にもピンからキリまであるということがわかってもらえたと思います。ですから、有機野菜を食べるなら、植物性肥料を使ったものか、植物性肥料の割合が多いものを選ぶといいと思います。

また、自然栽培の作物でも腐る場合があることを話しましたが、これは自然栽培の期間が短い場合、以前に使用していた肥料分や農薬が野菜に含まれていることを示しています。しかし、見た目とは異なり、不快なにおいがないことが多く見られます。同じ腐敗でも内容が違うことが窺い知れます。

おいしい野菜とは、プロセスを経た野菜である

おいしい野菜を見分けるポイントのひとつは、ずっしり重たいこと。

野菜は、自らの力で育つとゆっくり細胞分裂を繰り返しながら生長するため、中身がぎっ

しりと詰まったものになります。これは、あくまでも野菜が自分の力で育ったときの話。「自分の力で」というのは、肥料を加えないで育った場合ということです。

肥料を加えない自然栽培の野菜は、土にしっかり根を張って、自分の力で養分を吸い上げて育つため、生長のペースが少しゆっくりに思えるかもしれません。でも、ゆっくりな分だけ太陽をいっぱい浴び、実がぎゅっと詰まっておいしく、エネルギーをいっぱい含んでいるのです。

どのくらい生長のスピードがちがうかというと、たとえば自然栽培の大根は、一般栽培のものに比べて最低一週間〜二週間、収穫が遅くなります。場合によっては一カ月くらい遅くなることもあります。

肥料を入れれば、生長のスピードはグンと早くなります。

野菜にとって本来生長に必要とされるスピードは、人間から見れば時間がかかっているように見える……と言えるかもしれません。でもこの時間こそが本来の姿を作る必要条件であり、早く収穫できるということ自体が異常なこと、僕にはそんなふうに思えます。

包丁で切ると、空洞があるトマトに出合ったことはないでしょうか。これは、肥料や水分が生長を促進させたためです。早く大きくなるということは、本来の細胞分裂の過程が省かれたということです。そのため、隙間ができてしまいました。

また、皮と実の間がぴたっとくっついていずに、触るとぷかぷかしていて隙間があるみかんがありますね。あれは、肥料の効果で果実のホルモンバランスを崩した結果、実の生長が皮の生長に追いつかなかった証拠です。本来のスピードで育ったみかんは、皮と実がぴたっとくっついて一体となっています。ただ近年、このぷかぷかを解消できる農薬も出回っていて、また足し算で対処しているようです。

プロセスをきちんと経た野菜や果実は、おいしいのはもちろん、隙間がなく実がぎっしりと詰まっています。プロセスを省いては、いいものは生まれない。そんなことを野菜が教えてくれています。

第3章

肥料はなくても野菜は育つ

―土について考えたこと―

どうやったら農薬肥料不使用で野菜が育つのか

「じゃあ、農薬も肥料もなしで、どうやって野菜を育てるの?」

よく聞かれる質問です。

冒頭で触れましたが、僕は三十年ほど前から、全国を回って多くの生産者さんに会い、自然栽培の普及に邁進してきました。

さまざまな生産者さんにお会いするなかで、何十年も農業に携わってきたベテランの生産者さんからも、「いったい、どうすれば農薬・肥料を使わずに、野菜を作ることができるのか」とまったく同じような質問をされます。その問いに答えるべく、二〇一一年にそれまでの個人レベルでの活動から全国の自然栽培生産者をネットワーク化し「自然栽培全国普及会」という任意団体を設立し、全国の有機栽培や一般栽培の農家さんに自然栽培についての優位性を伝え、その普及に努めています。

では実際、どうやって野菜や果実を育てるのか、僕が、かつて自然農法成田生産組合の高橋博さんのもとで勉強し、また三十年間にわたってさまざまな生産者さんたちと関わり合い、試行錯誤を重ねるなかで学んできた自然栽培のやりかたについてもう少し具体的に話をしましょう。

大切なのは自然の循環のサイクルを崩さないこと

まずは基本的な考え方をお話しします。

自然界では、どの草も木も腐ったりしません。

森や林、山の中で草木が腐っているのを見たことがありますか。自然界では、植物が腐ることはありません。草木は生命を循環させ、永続的にこの地球に存在しています。さも当たり前のように。風や動物によって種が運ばれ、芽生え、枯れてまた土に還元されるサイクルを繰り返します。

一方、日常の食卓にのぼる野菜はどうでしょうか。

考えてみてください、野菜も植物です。

多くの農業では、もともと土中に存在しないものを人間が投入します。肥料や農薬です。

それが農業でしょう、と思われるかたも少なくないかもしれません。

しかし、稲わらや米ぬかを肥料とする畑、僕は不自然には感じます。稲わらはどこで育った植物ですか。田んぼですね。ならば、田んぼに還っていくのが自然ではないでしょうか。

このようにごくごく当たり前に使われている肥料が、自然の生命の循環のサイクルに影響を及ぼしていたら……。自然界では起こり得ない現象を人が起こしているとしたら……。

そのような考えから自然栽培では、人の手を介して田んぼや畑に加えたものを不純物と考え、「肥毒（ひどく）」と呼んでいます。

では、循環のサイクルが崩れるとなにが起こるか。

病害虫がやってきて、作物の生産性が落ちます。

このような事態に陥ると、一般の農業ではなにをするかと言えば、また農薬や肥料を投入して対処しようとします。しかし、それが悪循環を起こしてしまう。

だから自然栽培では、田畑にタネ以外、人の手でなにかを運び入れることはしません。

自然の循環のサイクルを崩さないよう、田畑の土が本来の機能を働かせられるようにするために。

機能が働けば農産物は自立できるし、不純物がなくなれば病害虫も発生しないので農薬は必要ありません。もしそれまでに虫が来ていたとすれば、それは浄化のための作用だったと、そのときに実感できるかもしれません。

持ち込むのはタネだけです。風や動物が野山にタネを運ぶように。タネも自家採種していけば、最終的には、自然と同じように田畑の中だけで循環させられるようになっていきます。

土から不純物を抜く

では、どうすれば田畑の土が本来の機能を働かせられるのか、ここからは具体的にお話ししていきましょう。

自然栽培では、化学肥料や有機肥料、牛糞、鶏糞、豚糞、馬糞、人糞、魚粉、肉骨粉、油かす、海草、米ぬかなどの原料、そして漢方系も含めて農薬などを一切使わないで野菜や果実を育てます。

もしその土地がこれまでに農薬や肥料などを入れてきた畑だとすれば、それら一切を土から抜くことが重要なポイントになります。土にとって不純なものを抜いてもともとの状態に戻すという感覚でしょうか。自然の摂理に即して作物が育っていけるよう、土をきれいにしていくことからはじめます。

多くの生産者さんは、そんなことは不可能だと言います。肥料なくして野菜が育つはずないと。そんなことはありません。土づくりさえしっかりできれば、肥料不使用でも必ず育ちます。

では、今まで何年何十年と農薬や肥料を入れてきた畑でも、自然栽培ははじめられるのか。これもよく聞かれることです。

答えは、イエスかノーか、と聞かれたらイエスです。

ただし、肥料をやめたらすぐに、今まで畑に寄ってきた虫が寄ってこなくなるか、余計な草が生えなくなるかといったら決してそうではありません。

でも、入れてきてしまった不純なものを出しきって、とにかく土をきれいな状態に戻せば、虫がこなくなる、余計な草が生えなくなる、そんな日が必ず訪れます。

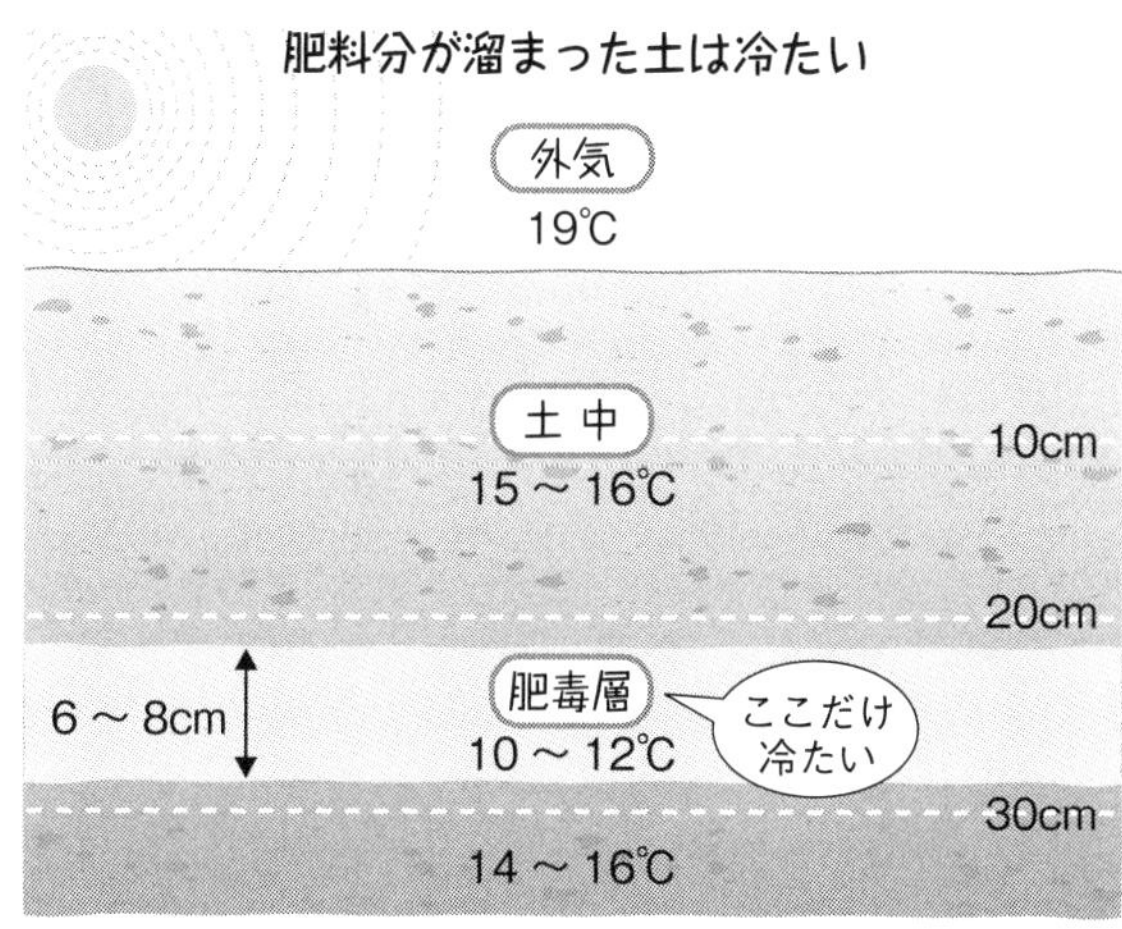

異物の入った土には「肩こりや冷え」が溜まっている

なので、自然栽培をはじめるにあたっては、まずは土を掘ることからはじめます。これは、畑のどのあたりに今まで入れてきた肥料分が溜まっているかを調べるためです。

だいたいある一定の深さのところまで掘ると、硬い層にぶつかります。そして、地面からそこまでを一〇センチごとの深さで、温度と硬さを測ってみると、なんとも不思議なことが起きています。

なにが起きているかというと、たとえば外気が一九度の場合、地面から一〇センチほどの深さの土中の温度が一五～一六度、二〇～三〇センチのところが一〇～一二度、三〇センチより深い部分が一四～一六度という結果が得られます。

なにかおかしいと思いませんか。

地面から地中に向かって深く進んでいくと、途中で土の温度が急激に低くなり、さらに深く進むと、また温度が地上近くと同じように上がっている。土の温度は、地球の中心からスムーズに伝達してくるはずなのに、です。地温だとあまり気にならないかもしれませんが、五度の差はかなりのものです。

地中のほかの部分より、冷たくて、硬いところ。実はこれ、先述した不純物である「肥毒」が溜まったもので、僕たちは「肥毒層」と呼んでいます。人間で言えば「肩こりなどの凝りや冷え」にあたると考えています。

つまり、新陳代謝が低下して老廃物などが滞り、血液がきちんと循環しないために冷えていく。そんな人間のからだのメカニズムとまったく同じことが土の中でも起きている……とイメージしてみてください。これではいかにもエネルギーが野菜にうまく供給されない感じがしますし、冷たい土の中で育つ野菜はあまりおいしそうに思えません。

この肥毒層をなくしていくことが、肥料や農薬に頼らない土づくりをしていく一番のポイントです。重要だからこそ、なかなか一朝一夕にはいきません。しかし、溜まってしまった肩こりと同じで、時間をかけて入れてきたものですから、なくしていくのにもある程度の時間はかかるのは当然です。

畑にどれくらいの期間、どれくらいの肥料や農薬を入れてきたかによって、土がきれいな状態に戻る時間も変わってきます。ということは、自然栽培に移行してから野菜の収量を確保できるまでの期間もちがってくるということです。

土から肥毒が抜けきるまでの間は、肥料や農薬を使っていた時と同じように、虫が寄ってきたり、余計な草が生えてきたりします。なぜなら、抜けきらない肥毒の成分がまだ有効だからです。

有機栽培の落とし穴

もうひとつ、肥毒層に見られる興味深い現象があります。

それは、使用してきた肥料が化学肥料の場合は、地中ではっきりとした層が形成されるということです。原材料が自然界のものではないので、土と分離して一カ所に集まってきます。そのため、はっきりと肥毒層が形成されて目でも確認できるほどです。

一方、有機肥料の場合は層を作らず、肥毒はあちらこちらに散らばってしまいます。ここの温度も低い、あっちも低いということが起こり、「ここが肥毒層だ！」というはっきりとした層になりません。

なぜなら、有機肥料の原材料は、動物の糞などの自然由来の素材だからです。明らかに異物である化学肥料とはちがいます。土の目線に立ってみると、異物と認識しにくいため、土の粒々の中に取り込んでしまい、肥毒があちこちに散らばってしまうようです。この現象は、実際に三十年以上自然栽培に取り組むさまざまな農家さんを見てきてわかったことでした。つまりこれが、有機肥料が即効性はないけれど効き目が長いと言われる所以でもあり、虫の害などからなかなか逃れられない落とし穴でもあるわけです。

ただ、有機肥料にもピンからキリまであり、肥毒の多いもの、少ないものに分けられます。

前者つまり、肥毒の多いものは動物の糞尿堆肥、後者は植物由来のものです。実際に、病害虫に悩まされている畑のほとんどには、動物性の糞尿堆肥が入れられています。逆に、使用される糞尿堆肥の量が少ないほど農薬の必要がなくなり、植物性のものが中心の場合は病害虫が少なくなっていくという傾向があるようです。

自然界を例にとって考えてみると、たとえば動物の死骸や糞尿が落ちていることはもちろんあるのですが、土全体から見ればそれほどの量を占めるものではありません。一方で、動物由来の有機肥料となると大量に落ちているはずのないものを人為的に畑にぼんぼんぼん入れるわけですから、自然界の土のバランスとはかけ離れていくのが当然、と言えば納得いただけるのではないでしょうか。

実際に有機肥料をやめて数年経っても、虫や病気に悩まされることがあります。それは、有機肥料の効果がジワジワ出てくることの裏返しで、肥毒が抜けるのにも非常に時間がかかってしまう典型的なケースです。そのため、自然栽培に移行する途中で嫌気がさしたり、「やはり肥料や農薬がないと野菜は育たないのではないか」と断念する生産者さんもいました。

でもこれは、土をきれいにするために避けては通れない浄化作用。自然栽培に移行するためには、ここでしばし耐えることが必要となります。

土の「凝り」をほぐす方法

ある自然栽培の生産者の畑で、突然大根に線虫の大被害が発生しました。

十年間肥料を使わずに自然栽培で野菜を育ててきた畑で、今までなんの害虫も発生しなかったのに、十年目にして突然大根に線虫の被害が出てきたのです。一生懸命頑張ってきた生産者も首をかしげるばかりです。

なぜ、このようなことが起きたのでしょう？

この畑は、かつて有機栽培で野菜が育てられていました。そう、昔入れていた有機肥料の肥毒が今になって出てきたのだろうと推測できます。そして、今回の線虫は最後の掃除をしにきたのではないか？　その答えは次の年に見ることができました。前年の被害がウソのように見ごとな大根が育ったのです。

では、肥毒を抜くためにはどうしたらいいのか。これが次の問題です。

自然栽培は、あくまでも営農のための栽培法です。自給自足なら「肥毒」が抜けるのをひたすら待ち続けるということでもいいかもしれませんが、農産物を作って売り、その収入で食べていかなくてはならない営農家さんにとっては、作物ができなくなるのは死活問題です。「肥毒」が抜けるのを待つばかりでは、生活が成り立ちません。

そこで生産者さんがどうするかというと、肥毒層の排除に積極的に取り組みます。人間で言えば、凝りの部分を揉んで血液で流し、老廃物として排出するといった原理です。

実際広い農地の場合は、プラウやサブソイラーという機械などを使ってまず肥毒層を砕きます。砕いた肥毒層はそのままにしておくと数年後には再び固まってしまうので、次は、小麦や大麦、エン麦、ライ麦、ソルゴーなどの植物を植えます。直根性（ちょっこんせい）が強い小麦や大麦などは、根の力で肥毒層を壊してくれたり、肥毒を外に吸い上げてくれるからです。昔から、麦は土を掃除してくれる作物と呼ばれている理由がよくわかります。

本来の機能を取り戻す過程において、実際多くの生産者さんが壁にぶつかりますが、これを必要な時間と思えるかどうか、それこそが最初の壁かもしれません。

これを除きさえすれば生命の仕組みの働きが戻ってくると考えれば、まさに過去の蓄積の清算、人間が崩した秩序を自らの手で戻すわけです。持ち込まないのと同じくらい、肥毒を取り除くことは重要で、人間の一番の仕事と考えていいかもしれません。

土の滞りのもうひとつの原因は硬盤層

肥毒ともうひとつ、土の滞りをつくっている原因があります。

自然栽培のあるベテランの生産者さんから「収穫量がいまいち上がらない畑がある」との相談を持ちかけられたことがありました。生産者としての腕はもちろん、畑は長い間農薬も肥料も施していませんから、土の状態に問題があるなど僕も思いもしませんでした。

原因を探る中であるとき、生産者さんが言いました。「肥毒はなくなっているはずだけど、ちょっと心当たりがあるので、土を掘り起こしてみようと思う」

掘り起こした土の中で、あるものが発見されました。「硬盤層（こうばんそう）」です。これがもうひとつの原因、読んで字の如く、硬くなってしまった土の層のことです。

これについてとても興味深い言及をされているかたがいます。筑波大学生命環境系の田村憲司教授です。

田村教授の論文“Characterisation of soils under long-term crop cultivation without fertilisers: a case study in Japan" の内容を一部紹介します。

論文には一般栽培と自然栽培の畑から採取された土の写真が掲載されています。深さ三十～三十五センチあたりの土で、顕微鏡で見てみると、二種の土には大きなちがいがありました。ちがいは、土と土の粒の間にある隙間です。

一方は明らかに空間が多く、もう一方は詰まっています。

空間が多いのは自然栽培の土、詰まっているのは一般栽培の土です。一般栽培の土に空洞ができないのは、根が伸びにくい環境のせいです。

この環境をつくり上げた原因、みなさんはもうおわかりですね。ひとつは、先ほどからお話ししてきた肥料です。

そしてもうひとつの原因が、トラクターなどの重機だというのです。以前から、自然栽培の農家さんの間では経験的に言われていたことではあるのですが、重機が何度も田畑の同じ位置を通ることによって土が押し固められ、隙間がなくなり、硬い層をつくり上げているようなのです。

一般栽培は、肥料を使いますし、作業の際には大型の機械も使います。

自然栽培は、肥料は使いませんが、農家さんによっては機械を使います。

この項の冒頭でお話しした、自然栽培歴が長い畑で不作が続いていた原因は、重機だった可能性があります。

実際ある生産者さんは、自分の畑はにんじんやさつまいもなどしか育てられないと言っていたのですが、硬盤層を壊してからは白菜やキャベツなど、自然栽培では土がよほどよくなければ育成が難しいと言われている作物まで収穫できるようになりました。

硬盤層だけに注目すると重機は使用しない方がよいかもしれません。しかし、後述しますが、生産者さんの立場からすると重機をまったく使用しないのは難しいと僕も理解できます。

隙間がある土がよい理由

植物は成長するために根が土中の養分を取りに行くわけですが、そのとき土に隙間があると、根を張り巡らせやすく養分も摂取しやすくなります。

自然栽培の土は隙間があるために根っこが縦横無尽に入り込み、その根っこが枯れた場所がまた空洞になる好循環を繰り返します。植物にとってどんどん好都合な環境になっていくわけです。しかし硬い土、とくに盤があると根っこが伸びにくいため、空洞ができない悪循環になります。

空洞があれば酸素も水も入りやすく、根に寄生する微生物の活動も盛んになります。土中の微生物について、さらに注目したい話があります。

肥料の三要素は窒素・リン酸・カリウム。驚くことにはこれらは人が肥料として投入しなくても土の中に豊富にあるというのです。ただし、植物は吸収できない形で存在していると言い、そこで登場するのが微生物です。これら三要素を植物の根が吸える形に変える能力を持つ微生物が土中にいるそうなのです。

この話を聞いたとき、僕はとても嬉しかった。一般栽培からすると「あり得ない」、しかし自然栽培においてはもっとも重要である「肥料を施さないこと」が農業において決して不可能ではないと科学的に解明できる話だったからです。

これまでも専門機関に依頼したり、その結果を僕たちが農家さんとともに経験を交えて話しても、自然栽培はオカルトだ、と言われたこともありました。ようやく信じてもらえるときが来たという気持ちです。

重機を使用するにもバランスが必要

土は、土壌の微粒子の集合体ですが、それぞれの粒子が結合してひとつの塊（かたまり）である団粒（だんりゅう）を形成します。その塊が集まった状態を団粒構造と言い、大小さまざまな大きさのものがバランスよく連なり、適度な隙間がたくさんある状態が理想的です。

この団粒構造をつくるには、やはり重機の使用が課題になると前出の田村教授も強調されていました。

実際、農家さんも重機の弊害を経験から体感していて、使う頻度が減ってきているようですが、重機をまったく使わないのは、営農ということを念頭に置くとジレンマが生まれることも理解ができます。

自然栽培では、肥毒を抜くために小麦や大麦、エン麦などを植えるのは前述した通り。根が肥毒を吸い上げるとともに、その残渣を畑に還元することで団粒構造をつくるサイクルが基本の土づくりですが、畑に還元した残渣が完全に分解されるまでは次のタネや苗は植えられません。

そのため生産者さんはトラクターなどで畑を一生懸命耕します。耕すと、分解を早めるために必要な空気や水分が土中にすき込まれるからです。

分解が早まれば、次の作物を植えるタイミングが早まり、結果作付けの回数も、収穫の回数も増えます。同じ畑で年一回より二回収穫ができた方が収益につながるわけです。

自然に任せた方がいいとわかっていても、そうすると収穫量が減り、収入が減ってしまう気がして、やはり重機を使用する。しかしそれが冒頭で話した、ベテランの生産者さんの畑のようなことを実際に起こしてしまうこともわかってきました。

そこで次の一手をどうするか。答えは自然が示してくれると気づけるかどうかで、生産者の真価が問われる気がします。

ある生産者さんは、耕すのに重機を使う場合は、走らせるラインを決め、タイヤの圧がかかるところを一箇所に固定するなどの工夫をしています。

昔のように牛馬による耕運を考える農家さんもいますが、なかなか現実的ではないので、今後牛馬のように土に負担をかけない重機が開発されるといいのですが……。

同じ自然栽培でも、環境によってやり方はそれぞれ。生産者さんは常に、自分の田畑と対峙しているからこその解決策を導き出していきます。

人と自然がコラボすれば、野生よりもおいしい野菜が育つ

前述のような問題が出てくるのは、「自然栽培と言いながら、機械を使うからだ」と考えるかたもいるでしょう。生産者さんのなかには、耕さずに自然のまま放任する不耕起栽培が究極の自然だと考える人も確かにいます。

自然栽培は、放任とはちがいます。人が食べる野菜を育て、それで収入を成り立たせるための栽培法ですから、ある程度まとまった量を収穫できなくてはいけません。それは、大きな面積の畑や田んぼを自然な形に戻していくことでもあります。その観点から、ときに重機を使用することは決して間違いだと僕は思いません。ただなにを目的とし、それが自然の秩序を乱さないか、自然の摂理に則っていることなのか、を常に考えることが前提です。

大きな面積の畑や田んぼを自然な形に戻していくためには秩序が必要で、放任するのではなく、秩序をつくる手伝いをするのが人の役割とでも言いましょうか。

ですから、自然栽培は、昔ながらの方法に回帰する農法ではないのです。過去の経緯を反

省材料として、農薬や肥料、機械で自然をコントロールすることは決してせず、人間が歩んできた歴史のなかで生まれた英知は活用する。言わば自然と共生するための新しい農法です。僕たち人間も自然界の一部ですから、自分たちの存在を否定しなくていいような立ち位置でいるための農法と言えるかもしれません。

自然栽培に移行した生産者さんは、肥毒層がなくなるにしたがって作物の収量が上がり、質も高くなっていると口を揃えて話します。

自然栽培は、自然と人のコラボレーション。野生の野菜よりもおいしい野菜が育ちます。自然とうまく共生し、人間の欲望も叶える。ある意味とても欲張りな農法ですが、それは自然を破壊せずに尊重するからこそ、自然から与えてもらえるご褒美なのかもしれません。

土がきれいになれば、ミミズは自然にいなくなる

肥毒層がなくなって、土が本来の状態を取り戻すと、土は次のような状態になります。

①軟らかい
②温かい

③水はけがよく、水持ちがよい

これが理想的な状態で、肥毒がなくなるにしたがって近づいていきます。人間でも、新陳代謝がよく、血液の循環のいい人の肌は、温かくて柔らかいのと同じだと僕は思います。

茨城県行方市玉造町の、自然栽培歴二十五年の田神俊一さんの畑では、タネや苗の植え付けがない時期に幼稚園の運動会が行われたことがあるそうです。子どもたちが「気持ちいい!」と裸足で走り回れるほど、柔らかく、温かいからです。

実際、足を踏み入れると、ズボッと五センチほど足が埋もれますし、手を土の中にもぐらせてみると、ほんのり温かい。こうなると野菜は根っこをグングンと地中深くまで伸ばし、養分をどんどん吸収できます。

土は自然に近づけば近づくほど、温かくて軟らかいものに戻っていくということがわかります。また、自然栽培に移行した生産者さんが実感することのひとつに、虫が減るということがあります。

こんなに嬉しいことはないはずなのに、一般の生産者さんのなかには、「ミミズがたくさんいる土がいい土だ」と思っている人や、有機栽培においてはあえてミミズを畑に連れてくる人もいます。

確かに土が進化していくなかで、ミミズはとても重要な働きをすることは事実です。しかし、農産物を育てるのに適した土は、ミミズが働き終わった土でなくてはいけません。なぜなら、ミミズがたくさんいるうちはまだまだ土ができていない、それだけ分解しなくてはいけないものが多いということですから。

自然栽培を実施している生産者さんの畑では、ミミズはほとんど見つかりません。探しても見つからなくなった土こそ、本物なのです。

歴史のある土がおいしい野菜を作る

耕作放棄された土地を譲り受けた生産者さんが、自然栽培をはじめようと土づくりに取りかかりました。

そして野菜のタネや苗を植え、もちろん農薬も肥料も使わず一生懸命取り組んでも作物がどうしても育たない。「やっぱり肥料を使わないとできないのではないか」、そんな思いのなか、相談が持ちかけられました。そしてその生産者さんといっしょに畑に出向き、よくよく調べてみたら、そこはかつて田んぼだった土地でした。

田んぼを畑にしようと思っても、それはなかなか難しいことです。なぜか。それは土がちがうからです。長い時間をかけて、その作物に適した状態になった土は、そう簡単には性質が変わりません。

自然栽培の原則は、野山の草木を見本に、農地を「枯れていく」作物を作れる場に生まれ変わらせることですが、そのためには、野菜にとって自然な環境、すなわち自然界と調和している状態に整えることが大切です。田んぼの土は野菜にとって自然な状態ではありません。

農薬や肥料に侵されていない、機械の影響が少ない土づくりが重要なのは今まで書いた通りですが、野菜を育てるための土づくりをするときに、前述のような田んぼの土を使ったり、あるいは山の土を使ったりしてもうまくいきません。農薬や肥料が入っていなければいいんじゃないかと言う人もいらっしゃるかもしれませんが、山の土と野原の土と、水辺の土とは構造がちがうのです。

たとえば、山を切り開いて農地を作ってみたところで、すぐに作物は育ちません。山を崩した過程で土の層が狂ってしまうからです。さらに、そこから実際に耕作地としてふさわしい土をつくるにはそれなりの時間がかかります。

土を進化させるために自然と草が生え、また長い月日を経て生える草の種類が変わり、ようやく農地となっていきます。土はつくられるのに「一センチで一〇〇〜二〇〇年」という長い時間がかかると言われますから、畑になるまでの時間を黙って見ていたら、どれだけの歳月がかかってしまうかわかりません。ですから先人たちは、耕したり、堆肥を入れたりしながら土を進化させてきたのです。

そもそも野菜は野原に、稲は水辺に、果樹は山に生えているもので、それぞれの場所で土の構造がちがいます。土はその場所に生えていた植物の枯れたものが、長年の間に積み重なってできるからです。

野原の土には野菜が枯れたもの、田んぼの土には稲が枯れたもの、山の土には果樹が枯れたものが土に還っていき、また土をつくります。土はそこで育つ植物が作っているもの。だから、性質をそう簡単に変えることができないのです。

土がちがえば、できる野菜もちがう

土が生まれるストーリーは壮大なものです。

地球が誕生した約四十六億年前、土はなかったといいます。全て石だったのです。その石に、光、水という要素が加わり、太陽や月という地球の外からのエネルギーを取り込む条件が整備されたとき、石の上に生物が生まれました。それは、灰色のコケの一種である地衣類だったそうです。このような植物が生まれては死に朽ちていく過程で石は暫時細かくなり、土なるものができていきました。土が誕生したのは約四億年前といいますから、それはものすごいプロセスです。

そして今日、存在する山々も、年間一ヘクタールあたり六〜七トンの草や木、葉が朽ちて地面に落ち、土をつくっています。枝や葉などは土を軟らかく、温かく、そして保水するためにあります。そんな土になることで、草木は次世代に命をつなぐことができるのです。山ではこれらの枝や葉は、生態系の循環のプロセスに必要だということがわかります。養分を補給する肥料としてではなく、植物が命をつないでいくための母なる素地の役割を果たすの

土壌調査の様子。北海道伊達ファーム圃場。

です。ただしこれはあくまで山における循環です。野原のあり方と山のあり方とはちがう。そのことも念のため申し上げておきます。

また野原が進化してできあがった土であっても、どんな野菜にも適しているというわけではありません。土の質で育ちやすい野菜ももちろん変わってきます。そのため、自然栽培では土壌調査を行い、粘土質なのか、石灰質なのか、砂地なのかなど、その性質を確認して植える野菜の種類を見直すこともします。

そもそも野菜を育てるには、土だけでなく、その土地の気候・風土、自然環境の全てが関わっています。

沖縄や奄美大島などではマンゴーやパイナップルが特産だとか、三浦半島などではキャベツが特産など、日本狭しと言えども、地域によって栽培される野菜や果実は異なります。

これは、その野菜がもともとどんな土地で生まれたかという、原産地の環境に由来しています。マンゴーやパイナップルは熱帯気候の国が原産なので、日本国内でも年間の平均気温が高い南の地域でよく栽培されています。また、キャベツは地中海沿岸で生まれた野菜です。そのため、三浦半島のように、海に近い土地ではキャベツが適合し、病気になりにくいようです。

まさに「適材適所」です。

土地や環境に合った野菜を育てていれば、野菜にも無理は生じません。ということは、収穫量が確保できますし、長く作り続けることもできるということです。

その方が、野菜にとってだけでなく、収穫する人にとっても好都合。最近ではビニールハウスで重油を焚いてその土地に合わない季節外れの作物を作っているケースもありますが、自然栽培では当然、適材適所で旬にそった、野菜がのびのびと育つことができる環境での栽培を第一とします。

同じ畑で同じ野菜を作り続ける

同じ畑で毎年同じ野菜を作る。こう書くと、当たり前じゃないかと思われそうですが、農業の世界では必ずしも当然のことではありません。一般栽培や有機栽培では、畑の一カ所で特定の野菜を作り続ける連作を行っていると病気が出やすいと言われています。この現象は、たとえば大根やじゃがいもなど、とくに根もの野菜に見られます。そのため、この「連作障害」を避けるため、畑の場所を変えて栽培をすることが一般的に行われています。

でも、野や山の草木は毎年同じ場所に姿をあらわします。もし本当に連作が植物にとってよくないことなのであれば、野山の草木が毎年同じ場所に育つのは、ちょっとおかしいことだと思いませんか。

同じ植物なのに、なぜ連作障害は野菜にだけ起こるのか。

これも、今までお話ししたことと同じところに理由がある、と僕らは見ています。たくさんの農薬や肥料を畑に入れているために、土壌の生態系、自然界のバランスが崩れてしまい、連作することで一カ所の畑でその状態が長く続くことによって、病気が出てしまうというわけです。

自然界では、同じ世界が繰り広げられていくことにより、植物の生態がその環境に適合していきます。ごく当たり前な自然な現象です。

野菜も同じ場所で育ち続けることで、土壌にどんどん馴染んでいきます。そのような理由から、土ができあがっていくにつれ、連作をしなければならなくなります。事実、連作した方が収穫量も上がり、野菜の質もよくなっていくという結果が出ています。

地元でも大きな収穫量をあげる自然栽培の田んぼ

「肥料をやらなければ、収穫量が減るんじゃないの」

「農薬・肥料不使用で、ほんとに毎年安定して収穫できるのかなあ」

生産者さんからは、よくこんな質問を受けます。

実際、農薬・肥料不使用に魅力を感じつつも、農業経営が成り立つだけの収穫量が安定するかどうか、と不安に感じる生産者さんは少なくありません。しかしその不安とは裏腹に、自然栽培ではふつうに肥料を使う場合の七～八割かそれ以上、ほとんど変わらないくらいの

金色の米が実る、秋田県・石山範夫さんの田んぼ。

収穫量をあげる生産者さんもいます。

実際に、二十数年続けた有機栽培から少しずつ切り替えて、その大半を自然栽培に移行した生産者さんもいます。こちらは畑ではなく田んぼでしたが、今では十五町歩という広大な面積で自然栽培米を作っていて、その田んぼの中で、あたり一帯では平均を上回る収穫量をあげている田んぼも出てきました。秋田県大潟村の石山範夫さんの田んぼです。

大潟村は、日本でも有数の米の産地であり、有機農業での米づくりが盛んな地域です。有機農業の生産者さんに囲まれるなか、ひとり自然栽培に移行することは決してラクなことではなかったはずです。農業は、その地域のコミュニティにうまく属さないとやっていけない世界。しかも、いきなり肥料をやらなくなるなんて、「あの人、いったいどうしちゃったのかな」と思われかねません。「肥料をやらなければ、植物が土の養分を搾取するばかりで、いつか養分がなくなっちゃうよ」と考えるのがふつうですから。

しかし石山さんは自然栽培への移行を見ごと成功させました。おいしい米がたわわと穂をつける、美しい田んぼです。もともとのリーダー気質もあって、今ではほかの農家さんも巻き込んで自然栽培の輪を広げていってくれています。それは、石山さんが自分の田んぼで、きちんと収穫量を確保できることを示してくれた結果です。全国でも少しずつですが、石山さんのような生産者さんが増えてきています。

「農薬も肥料もやらないのに、なぜ収穫量を確保できるの?」というのは生産者さんだけでなく、誰もが持つ疑問のようです。しかし、その理由を理解し、肥料不使用でも野菜は育つこと、さらには虫も病気も寄らなくなり、栄養価も格段にアップするという事実に触れると、「じゃあ肥料って、いったいなんだったんだ」と言ってくださるようになります。

とは言え、それを実践していくのは正直、並大抵の努力ではありませんし、かなりの精神力を必要とします。

肥料などの成分が土から抜けるまでの間は、虫や病気が今まで以上に寄ってくることもありますし、安定したかと思うとまた被害を被ることもある。

しかし、そのプロセスをただ「困ったこと」と捉えず、「これは土が浄化していくプロセスだ」という原理を信じる。この理解があればこそ、過ぎていく時間を待つことができるのではないかと僕は思います。

ちょっと観念的な話になりますが、人間は大自然の中ではちっぽけな存在です。いくら頑張ってみたところで所詮自然を思い通りにできるわけがない。虫が寄ってきても、草が生えても、農作物が枯れてしまっても、それと闘おうとはせず、受け容れる。そして、自然界の動態や形態から新しいやりかたを学ぶ方が、賢い。

そしてまた、僕たちは、その自然の仕組みのなかで生かしてもらっているのも事実です。野菜や動物がいなければ、僕たちのいのちはつないでこられませんでした。このことを常に忘れないでいると、自然から恵みを受けることができます。土が生き返れば農作物はよりおいしくなり、僕たち人間はそれをいただくことができます。

この気持ちを農業技術として具現化することが、農薬も肥料も使わずに野菜を育てるもうひとつの、そして最大のポイントでもあります。

僕を含め、農業に従事する人間は、自然界に存在するものたちと直接関わり合います（もちろん僕たちも自然界の一員ですが）。

そのため、自然や土の存在があまりに身近で当たり前になってしまいがちですが、そこからいのちを生み出し、人間の日々の糧を育む、すなわち人のいのちを育む生命産業だということを常に忘れないことが大切だと僕は思います。そうすれば、自然の存在、土の価値を再認識することができると思うのです。

「不耕起栽培」とのちがいは

「自然農とはちがうのか？」「不耕起栽培とはどうちがうのか？」

よくたずねられます。自然農は、自然を模範とした農業の大きなくくりで、ひとつの農法ではあります。農薬や肥料を使用しない点は同じですが、不耕起栽培は読んで字のごとく、はじめから耕さないことを定義としています。耕さないことが自然栽培との決定的なちがいです。自然栽培は必要に応じて耕し、適度な除草もする。その意味で決して、人の手をかけない栽培法ではありません。

「耕さない方が自然あるがままの状態だ」と言う人もいます。それは確かに、間違いではないと思います。その点に関する、僕の意見は以下のようなものです。

「自然栽培」という言葉が、「自然の生態系を農地に再現する農業」というイメージを喚起させるようですが、僕たちはあくまでも農地そのものは「人工の場」と捉え、食料をしっかりと生産する場と考えています。積極的に土に関わり、自然界の「摂理」を農地に反映させながら展開していく姿勢です。

自然界は常に秩序を保とうとバランスを取っていて、秩序が崩れてしまったら、再び秩序立ったものに戻そうとします。どんなに長い時間をかけてもです。

枝は放っておけば伸び放題に伸びますが、限界が来ると余計な枝を枯らしていきます。このサイクルを延々と繰り返し、果てていくことはありません。

野菜においても、そのスピードを待つだけだったら、僕たちはなかなか食にありつくことができなくなってしまいます。そこで、人間が手を添えるのですが、そのときに注意しなくてはいけないのが、自然界の秩序を崩さず、きちんとルールに則ったやり方であることです。

たとえば、果実。木々が一番エネルギーを使うのは、枯れ枝を落としたり、葉を落とすときです。そのため、木々が自らのちからで枝や葉を落とそうとすると、かなりのエネルギーを消費し、次へのエネルギーに転換しにくくなってしまう。

だから、ここで人間が不要であろう枝を切ってやると、木々はエネルギーを浪費せず蓄えることができるわけです。

そして葉を落とすエネルギーを使わずに済んだ木々は、そのエネルギーを実をならすことに使えるため、よりおいしい実をたくさんならしてくれるというわけです。

自然の性質を知り、その性質が活きるように手を添え、自分たちもその恵みを受けることができる。人間が自然のサイクルに入る意味が生まれます。それが自然栽培です。

今までの農業なら、おいしくしよう、たくさん作ろう、とするときは肥料を入れました。そうすれば、植物がどんな状態であってもある程度の実をならすことができました。それは人間側から見た農業ですが、自然栽培はあくまで、自然側からの視点を持つ農業なので、今までとは方法論が全て逆になるのも当たり前です。

自給自足のための野菜づくりなら、耕さないのもひとつの手だと思います。どちらが善い、悪いということではありません。でも、営農家さんは作物を売ることで自分たちの生計を立てていかなくてはなりません。人に売れるだけの収穫量が上がってはじめて、多くの人の口に入ります。僕は大地からのエネルギーに満ちあふれた野菜をひとりでも多くの人に食べてもらいたい。

だから、土の中から肥毒を取り除くために耕し、発芽にエネルギーがいくように草を抜いたりと、野菜が育ちやすい環境をつくるために人が手を添えることは必要だと思っています。

農家さんの自然栽培の経験と理解が積み上げられ、土もできあがってくると、結果、不耕起栽培的になっていきます。自然栽培では基本的に耕す行為は必要であると考えていますが、実際はそのときどきの条件によって耕すかどうかを判断していき、最終的には耕さなくてよい方に向けて土をつくっていくというのが正確かもしれません。

宮崎の生産者、川越俊作さんの畑は、耕す回数が年を追うごとに減っていて、今はタネをまくときに土の上の部分をさぁっと撫でる程度でよくなりそうだと話していました。そこをゴールとしたら、途中経過として耕すべきシーンでは耕すけれど、植物たちとお互い理解し合いながら決めていくという感じでしょうか。それはまさに自然との対話だと僕は思います。

一生懸命育った野菜はおいしい

「今まで食べた野菜と比べて味をしっかり感じられる」「甘くて、水っぽくなくておいしい」はじめて自然栽培の野菜を食べたお客さまからこんなありがたい声をいただくことも多いのですが、僕はそれについてこう考えています。

野生動物は、自分でエサを確保しないといけない環境で生きているため、いつも軽い飢餓状態で生きています。だから獲物を見つけると必死に追いかけます。そして自分で生きる力を身につけ、たくましく育っていきます。

野菜だって野生動物と同じ。本来養分は与えられるものではありません。

人為的に肥料が与えられない自然栽培の野菜は、軽い飢餓状態だからこそ、根を一生懸命伸ばし、自ら栄養を求めて地中深く深くに根を下ろしていく。土本来が持ち合わせた養分を吸い上げることで強く育つのだと思います。

これが自然界の法則であり、本来の野菜の姿であり、自然栽培において肥料不使用でも立派な野菜が育つ理由です。本来であれば、なにも与えない「土そのもの」が肥料の塊であるはずなのです。

根が元気に伸びれば、土壌微生物の動きも活発になって土を温め、軟らかくしてくれるため、植物はさらに根を伸ばせます。伸びれば伸びるほど、しっかりと根を張るため、地上に出ている部分も元気に育ちます。おいしい野菜が育つということです。

ここに、とてもいい循環が成り立つようになります。

もうひとつ、お伝えしたい自然栽培の野菜の特徴は「喉ごし」のよさです。

喉は、僕たちのからだの中で関所のような役割を果たす部位だと考えます。「これは食道を通してよいものなのか否か」を判断しているとでも言いましょうか。

自然栽培の農産物や加工食品はおいしいのはもちろんですが、喉をするっと通る感覚があり、まるで体内へ入ることを許す感じ、もっと言えばからだが求める感覚が僕にはあります。

喉ごしのよさは、何人かの取引先のシェフから言われたことがありました。

自分の力で一生懸命育った、からだが求める野菜。

おいしくないはずはない、と思うのは僕だけではありませんよね。この感覚をぜひ味わってみてほしいです。

自然栽培の野菜は価値観を変える

自然栽培の野菜の味を知ると、食卓の内容が変わる人も多いようです。

大根も、かぶも、主役になれる。主菜が野菜になっていきます。素材の味がしっかりとする、満足できる野菜だからでしょう。

肉がなくてもいいね、魚がなくてもいいね、さらには、調味料もそんなに使わなくていいね、となってきて、気がつくとスーパーマーケットでいっぱいの食材を買い込んでいたときよりも食費が少なく済んでいた、なんてお話も聞きます。

自然栽培のお米や野菜、加工食品は値段が高い、というお声は本当によくいただきます。けれど食べはじめると、価格を問題視していたことが知らぬ間に解決されていたこともよくあることのようです。

自然栽培の野菜に出会い、食材だけでなくお金の使い途が変わるかたは少なくありません。

第4章

その野菜、命のリレーができますか？

——タネについて考えたこと——

タネを水に落とすと、水が青く染まる？

「タネを自分で採ってください、自家採種してください」

僕たちは、自然栽培に取りかかろうとされている農家さんに、いつもこのようなお願いをしています。すると、たいていの農家さんは「なんで、そんなこと言うの？　タネは種苗会社から買うのが当たり前だよ」と言います。

僕が千葉の高橋さんをはじめとする生産者のもとで自然栽培を学んでいた頃のこと。高橋さんたちは、今まで投入してきた肥料分を浄化する方法をいろいろ試していました。そして、農薬や肥料を抜かなくてはならないのは土だけではなく、タネもだということを教えてくれました。こちらも、もう四十年も前のことです。

しかし、それからずいぶんときが経つというのに、流通しているタネ事情は変わっていません。

今、流通しているタネのほとんどが、あらかじめ殺虫・殺菌処理がされていたり、消毒されたりしています。芽を出す前に、鳥に食べられたり、病害虫の被害にあったりしないためです。処理済みのものを区別できるように着色しているものも多く、水に落とすと、水がエメラルドグリーンやコバルトブルーに染まるものまであります。

このような殺虫・殺菌処理を施さなければ芽を出すことができないのはつまり、第3章で書いた通り土の状態が悪化している畑がいかに多いかということだと思います。

タネの段階でこのような処理がされていれば、自然栽培への移行でせっかく土から肥毒を抜いても、タネに施されたクスリも肥毒となり、また土に不純物を入れてしまうことになります。さらには、このようなタネを浄化後の畑にまくと、生育の初期段階にアブラムシがびっしりついたり、弱々しくて色の悪い葉が出てきたりということがあります。

僕たちの考え方によると、土はきれいになっているのに虫や病気があらわれるというケースは、土以外に問題があるということのあらわれ。虫や病気が、タネに農薬や肥料成分が残っていることを伝えにきてくれているのです。

キュウリから白い粉が出るのは自然なこと

このように、自然の状態に戻った土に肥毒を抱えているタネを植えると、野菜が育ちにくいことがわかります。

そのため、浄化が終わった土で栽培するには、その畑の野菜から採ったタネを使うのが一番です。農家さんが自分でタネを採ることを「自家採種」と言い、その自家採種が繰り返され、周りの環境や畑の土に適応し、形質が安定したタネを「固定種」と呼びます。

かつては農家さんが自分の畑の作物からタネを採る自家採種は当たり前でした。

その時代、農産物など地域で採れた食物は地方市場で売られ、流通はそこで完結していました。しかし一九三五年に東京都中央卸売市場築地市場が誕生すると市場が一元化され、農産物は一度中央に集められるようになりました。九州で収穫された野菜が一度東京に行き、また九州に戻っていくというおかしなことさえ起きはじめました。

そんな状況のなか、野菜も本来の姿を変えていきます。たとえば、キュウリ。キュウリはもともと、皮が薄く、風に当たるとすぐにふにゃっとする野菜でした。そして自らを虫や病気から守るために、ブルームという白い粉を出します。実から自然に出てくるロウです。しかし、皮が柔らかくては地方から運ぶ際に折れては困るし、市場で売るときにふにゃふにゃしていたらなかなか売れない。しかも、ブルームは農薬だと思われて消費者から嫌われる。

生産者は困ってしまいました。

そこで登場したのが、皮が厚くてブルームが出ない、ブルームレスキュウリでした。そんなキュウリが育つようにと研究・育種されてきたのです。皮が厚い分、店頭での日持ちがいいため販売店からは歓迎されました。そして、あっという間に市場を席巻。今やほとんどのキュウリがブルームレスです。

食べもののおいしさよりも、利便性と経済効果が優先されました。キュウリのおいしさは、パリパリした薄い皮とぎゅっと詰まった水分のはずなのに。これが今日でも皮が厚くて硬いキュウリがマーケットを占めている理由です。

このブルームレスキュウリのタネのように、農家さんが自家採種では生み出せないようなタネが必要とされはじめたのが五十年ほど前。ここで農家さんは自分たちでタネを採ることを断念してしまったのです。そして、自家採種の習慣がだんだんと途絶え、種苗会社からタネを買うようになりました。

命のリレーができないタネが主流になっている

そのほとんどが「F1種」というタネで、現在市場のほぼ一〇〇パーセントを占めます。F1とは「First Filial Hybrid」。雑種第一代、一代雑種とも呼ばれ、自然界で起こる交雑とは違い、人為的に野菜が持つ性質を掛け合わせたタネです。

どういう仕組みかを、キュウリを例に挙げて説明します。

A　青黒い色素が特徴のキュウリ

B　曲がらずに、すらっとまっすぐな形が特徴のキュウリ

このAとB、ふたつのキュウリのタネを採り、特徴となっているもとの遺伝子を特化して掛け合わせます。そしてそのタネを植えて育てると、青黒くてすらっと細長いキュウリが生まれます。それは見ごとです。しかし、それは一回きりのこと。翌年は自家採種して、タネをまいても、親と同じようないい形では出てきてくれません。なぜなら、キュウリの持つ生

命の多様性を極限まで絞り込んだ無理な掛け合わせのため、生命のリレーが困難になってしまうのです。

親と違う形で生まれてくるのは、生命をつなげるためにさまざまな姿となって命をつなげようとするあらわれです。商品にはなりませんが、Ｆ１の種子をあえて採って植えてみると、いろいろな形のキュウリがいっぱい生まれてきます。

言い換えると、自分の子どもに自分の形を残せないタネなのです。極端な言いかたをすれば、全ての根本となるタネのはずが、一代限りでその命が終了するかのように作られているわけです。

一方、「固定種」で育った野菜からタネを採れば、その野菜と似た野菜が育ちます。親子が似ているのは当たり前のはずですね。

しかし人間からすれば、野菜の親子が似ていることなど大切なことではなく、収穫量が少なかったり、似ていても形が不揃いだから流通にのせられないといって、できそこないの野菜として扱います。

Ｆ１種から育ったトマトは、Ｍ玉で箱に二十四個ぴたっと入ります。輸送の途中での割れを予防するため、皮が硬く、箱にきちんと収まる同じサイズに育つようタネを設計しているからです。

Ｆ1種の製造はメンデルの第一法則「優劣の法則」を利用したもので、異なる形質を持つ親を掛け合わせると、その子は、両親の形質のうち優性だけがあらわれ、劣性は陰に隠れます。結果、優性遺伝子だけが発現するために、Ｆ1種の野菜は、同じ形に揃うという寸法です。

一方で、そのＦ1種の野菜からタネを採ると、隠れていた劣性形質があらわれます。これをメンデルの第二法則「分離の法則」と言います。先ほど例に挙げたキュウリも、生き残りをかけて、あらゆる形質で劣性遺伝子が分離して顔を出すため、Ｆ1から自家採種したＦ2世代は、見るからにバラツキのある野菜になってしまうということです。そこからタネを採って植えても、売りものにはならないレベルの作物しか収穫できない。Ｆ1種が一回のみの収穫と言われる理由です。

野菜の大きさや形だけでなく、「冷害に負けない」「害虫に強い」「甘みが強い」「色がいい」「収穫量が豊富」「日持ちがいい」など、人間のリクエストに応える野菜ができるように、タネを掛け合わせコントロールすることも可能です。「害虫に強い」タネと、「収穫量が豊富」なタネを合わせれば、害虫に強くてたくさん収穫できる市場で受けのよい品種が生まれます。

営農の視点からF1種を考える

このような事情により、農家さんがタネを毎年買わなくてはならない仕組みが定着していったわけですが、それでもF2世代、F3世代、F4世代と辛抱強く自家採種を繰り返し、頑張っている農家さんもいらっしゃいます。彼らの経験値ではF10世代、いわゆる10年頑張ればバラツキは消え、素晴らしいタネに固定できると話してくれます。

そのようななか、アメリカで遺伝子組換え技術によって開発されたのが、ターミネーター・テクノロジーというものです。

開発の目的は、タネを採れないようにすることでした。そのタネで育った作物からタネを採り、それを翌年植えると、発芽の瞬間に毒素が出て絶対に発芽できないようになっています。タネが自殺するように遺伝子を操作している、という捉えかたをすることができるかもしれません。農家は自分でタネを採ることができないため、種苗会社からタネを買い続けるしかありません。

さらにその後、発芽の瞬間に出る毒素を出さないようにする薬剤が開発されました。それをタネに振りかければ、発芽するように種子が設計されています。

さてＦ１種の問題点ですが、それは「目的を持って」、言い換えれば、「人間の思惑で」雄しべと雌しべを人工的に交配することにあります。植物には両性花といって雄しべ雌しべの両方を持ち、自家受粉する花もあります。ナスやトマトなどがそうです。しかしＦ１の場合、植物に雑種強勢をさせるため、あえて自家受粉ができないように仕掛けます。つぼみを開いて雄しべを取って受粉できないようにするなどの技術です。

男性で言えば精子をなくし、生物的に奇形を作り上げているし、「人為的で自然ではない」と問題視されるのもわからなくはありません。

しかし僕はここ何年かでＦ１種に対して少し見方が変わってきました。

長野県松本市に「自然農法国際研究開発センター」という団体があり、肥料不使用に適応する種子を研究・開発していて、人為的な技術を昔ながらの手仕事で行っています。このＦ１種は一般のそれとは違い、自然栽培でも定着しやすいタネです。いろいろ話を聞き、熟考を重ねたうえで、ナチュラル・ハーモニーもそのタネを頒布してもらい、生産者さんに継承してもらうことをしています。

「手作業とは言え、自然の摂理に則ってない」と思うかたも当然いらっしゃるでしょう。それは否めません。

しかし僕はこう考えています。東日本大震災の後から、若い新規就農者のかたも含め、有機農業ではなく自然栽培を選択する人たちがとても増えました。自然栽培は、農薬と肥料を使わなければそれでよいわけではなく、土が育っていかなければ作物も育ちません。それが理由で途中で肥料をまく選択をする人もいるわけですが、できればその選択はしてほしくない。理想ははじめから自家採種した固定種や在来種をまくことですが、それらのタネが畑に定着して一定の収量をあげるまでには必要な時間がどうしてもかかります。そこで使い勝手のいいF1種を使うのはひとつの選択である、と多くの農家さんと接するなかで僕の考えも変わってきました。

例えば、春大根。大根の旬は本来、冬ですね。しかし最近では市場で春大根をよく見かけます。消費者からも人気の大根は季節を問わずニーズがあるわけですが、自家採種の大根の種をまいても出荷できなくなるケースがあります。とう立ちして花が咲いてしまう場合です。販売先がレストランなどの飲食を専門としていたり、軒先や個人レベルでの販売スタイルでしたら少量多品種型で在来種や自家採種のものだけでも成り立つことはありますが、単品大量品種で生計を立てている農家さんは経営的に厳しくなってしまうことも考えなくてはいけません。冬だけでなく、春も大根を作るにはＦ１種の力を借りたいと考えることは受け入れる必要を感じます。

自然栽培は、あくまでも営農を目指してほしい。栽培面積が広がることで、自然に負荷をかけず地球環境までもよくなっていきながら、生産者も生活が成り立つ永続的な農業でなければいけません。多くの収量を確保しなくてよい自給自足や家庭菜園とは違います。

条件によってはＦ１種を使いつつ、固定種や在来種と共存させながら最終的には自家採種を確立させていく。生産者さんの永続性を考えると、Ｆ１種を頭ごなしに否定できないと考えています。

遺伝子組換えはこんなに身近にある

種子の世界も安全とは言い切れず、遺伝子組換え技術が生まれ、近年ではゲノム編集が広がっています。

大豆やなたね、とうもろこしなどの遺伝子組換え作物については、いろいろ騒がれたので、みなさんも気を遣っていると思います。

そもそも遺伝子組換えとはどんな技術なのか。

簡単に説明すると、新たな遺伝子を導入し発現させたり、内在性の遺伝子の発現を促進・抑制したりすることにより、新たな形質につくりかえてしまう技術を言います。

たとえば、虫の被害に有効な毒素を持った微生物の遺伝子などを抽出し、それをじゃがいもやとうもろこしなどの遺伝子に埋め込みます。虫に強い作物にするためです。ほかにも、一〇〇度以上の高温でも死滅しないバクテリアの遺伝子を抜き取って作物に埋め込むと、気温が高い地域でも育ちやすい作物が生産できます。

このようなことは、人間が操作しない限り、自然界では絶対に起きないことです。

遺伝子組換え作物に注意が必要だと思う、僕なりの理由を話します。

タネに操作を施せば、除草剤や殺虫剤などをまく必要が減り、農家さんにとっては作業が非常にラクになるでしょう。でも、もし殺虫毒素の入った植物が花を咲かせ、その花粉が風にのって遠くまで運ばれたら……。遠い地域の草花に受粉し、また花を咲かせて花粉が飛び、と繰り返し受粉を重ねていったら植物の世界はいったいどうなってしまうのでしょうか。

このことに世界は気づいているからこそ、ヨーロッパをはじめ、世界の国々では反対運動が起きています。

それでも遺伝子組換え作物がなくならない理由は、遺伝子組換えの技術で操作されたタネが、生産者にとって農作物を病害から守り、収量を増加させ、生産性を向上させるためのツールのひとつとして定着してきてしまっているからです。危険性が叫ばれながらも、人間は、便利な方へ、ラクな方へ、効率がいい方へどうしても向かってしまいます。

便利なこと、効率がいいことを悪いと言っているのではなく、いき過ぎてしまうと、その代償は必ず大きくなって返ってくると僕は思うのです。少し前までは、過去を振り返ることで、現代社会はいよいよまずくなってきたぞと感じるくらいだったことが、今は、この社会に生きているだけで、もうすでにまずいことを肌で感じるようになっている気がします。

地球環境にしろ、生活習慣病などの健康問題にしろ、経済状況にしろ、ほかならぬ自分たちで作り出してきた結果ではないでしょうか。だったら自分たちの手でもとに戻していかなくてはいけない。僕はそのことを自然に教えてもらいました。

遺伝子組換え食品の表示の裏側

二〇二三年四月から、遺伝子組換えの表示制度が新しくなりました。目的は、ぼくたち消費者が「正しく理解できる情報発信を目指すこと」だそうです。

遺伝子組換え表示制度は、内閣府令の「食品表示基準」に定められています。安全性を問う審査で認められた九つの農産物と、それを原料とした三十三の加工食品に表示を義務付けたものです。

対象になる農産物は、僕たちに身近なところで挙げると、大豆、とうもろこし、ばれいしょ。ほかには、なたね、綿実、アルファルファ、てん菜、パパイヤ、からしなです。それらを原料とした加工食品は128ページの表を見てください。

遺伝子組換え表示を義務付けられている9農産物と
それを原料とした33加工食品　＊1

対象農産物	加工食品　＊2
大豆（枝豆及び大豆もやしを含む）	1豆腐・油揚げ類、2凍り豆腐、おから及びゆば、3納豆、4豆乳類、5みそ、6大豆煮豆、7大豆缶詰及び大豆瓶詰、8きなこ、9大豆いり豆、10 1から9までに掲げるものを主な原材料とするもの、11調理用の大豆を主な原材料とするもの、12大豆粉を主な原材料とするもの、13大豆たんぱくを主な原材料とするもの、14枝豆を主な原材料とするもの、15大豆もやしを主な原材料とするもの
とうもろこし	1コーンスナック菓子、2コーンスターチ、3ポップコーン、4冷凍とうもろこし、5とうもろこし缶詰及びとうもろこし瓶詰、6コーンフラワーを主な原材料とするもの、7コーングリッツを主な原材料とするもの（コーンフレークを除く。）、8調理用のとうもろこしを主な原材料とするもの、9 1から5までに掲げるものを主な原材料とするもの
ばれいしょ	1ポテトスナック菓子、2乾燥ばれいしょ、3冷凍ばれいしょ、4ばれいしょでん粉、5調理用のばれいしょを主な原材料とするもの、6 1から4までに掲げるものを主な原材料とするもの
なたね	
綿実	
アルファルファ	アルファルファを主な原材料とするもの
てん菜	調理用のてん菜を主な原材料とするもの
パパイヤ	パパイヤを主な原材料とするもの
からしな	

＊1　組換えDNAが残存し、科学的検証が可能と判断された品目
＊2　表示義務の対象となるのは主な原材料（原材料の重量に占める割合の高い原材料の上位3位までのもので、かつ、原材料及び添加物の重量に占める割合が5%以上であるもの）
（出所）消費者庁HPより　https://www.caa.go.jp/policies/policy/consumer_safety/food_safety/food_safety_portal/genetically_modified_food/

このうち加工品のなかで、醤油（大豆由来）と植物油（なたね由来）に関しては、原材料の遺伝子組換え作物の使用・不使用の表示義務がありません。最新の技術でも組み換えＤＮＡが検出できないためだそうです。醤油と油は日本人の食生活の必需品とも言えます。遺伝子組換え作物を使ってない場合は、任意で表示することはできるので、ぜひ記載してもらいたいものです。

改正された表示方法を大豆を例に挙げて見てみましょう。
まず、こちらを見てください。

＊「**大豆（遺伝子組換えでない）**」「**大豆（非遺伝子組換え）**」
この表示は、分別生産流通管理(※)をし、遺伝子組換えの混入がないと認められた大豆、とうもろこしのみに表示が可能です。
では、こちらはどう思いますか。

＊「大豆（分別生産流通管理済み）」「大豆（遺伝子組換え混入防止管理済み）」

消費者庁・食品表示企画課が一般向けに公開している資料「知っていますか？　遺伝子組換え表示制度――消費者が正しく理解できる情報発信を目指して――」によると次のような説明が記載されています。

「分別生産流通管理をして、意図しない混入を五パーセント以下に抑えられている大豆、とうもろこしと、それらを原材料とする加工食品に表示が可能」

遺伝子組換え農産物が混入していないわけではありません。知らないと勘違いしそうな表示に見えます。さらに「原材料に使用しているとうもろこしは、遺伝子組換えの混入を防ぐため分別生産管理を行っています」と一見すると親切な表示の場合もあります。

現行制度が施行される前は、流通の過程や日本での加工の際に遺伝子組換え作物が混入してしまった場合、五パーセントまでなら「不使用」との表示が許可されていました。このままるで使用していない印象を与える表示よりは改正された表示法は幾分ましになったと消費者を説得できるでしょうか。

正しく表示しているようで、そうでない。トリックのような類の話は、食品表示ではよく耳にすることですから、消費者も自ら学ぶことがより必要になっています。しかしながら、なかなか真実を知ることができない実情があるのも事実、残念です。

大豆ととうもろこし以外の、なたね、綿実、アルファファ、てん菜、パパイヤ、からしなに至っては、混入率の定めがありません。それらを原材料とする加工食品に「遺伝子組換えでない」と表示する場合は、遺伝子組換え作物の混入が認められないことが条件とはされていますが、これでは消費者は知る術がありません。

ちなみに、原材料に遺伝子組換え作物を使用している場合の表示は次のとおりです。

＊「大豆（遺伝子組換え）」

分別生産流通管理をした遺伝子組換え農産物（加工原材料も含む）の場合

＊「大豆（遺伝子組換え不分別）」

遺伝子組換え農産物と非遺伝子組換え農産物が分別されていない場合の表示（加工原材料も含む）。また、分別生産流通管理をしたけれど意図せずに五パーセント以上の遺伝子組換え農産物が混入してしまった場合も同様に表示する。

この場合、「不分別」の意味をわかりやすく明記するとよいと消費者庁は指導しているようです。

※分別生産流通管理とは……遺伝子組換え農産物と非遺伝子組換え農産物を生産、流通及び加工の各段階で善良なる管理者の注意をもって分別管理し、それが書類により証明されていることを言う。ＩＰハンドリングとも言う。

原因は日本の食料自給率の低さなのか

少し古いデータですが、日本消費者連盟のＮＰＯ「遺伝子組換え食品いらない！キャンペーン」が、二〇〇六年に九都道府県の大手スーパーで売られている「遺伝子組換え大豆不使用」とされている豆腐四十四銘柄で調査を行ったところ、次のような結果が出ました。

- 遺伝子組換え大豆を検出……十八銘柄（対象の四〇・九パーセント）

遺伝子組換え食品が身近である原因のひとつは、日本の大豆の自給率の低さが挙げられるでしょう。二〇二〇年現在、日本の大豆の自給率は約六パーセント。どうしても海外からの輸入に頼らざるを得ないため、流通の過程や日本での加工の際に、遺伝子組換え大豆が混入してしまうことがあります。そのため、五パーセントまでは混入していても「分別生産管理済み」の表記が許されているわけですが、先ほども申し上げたように、これは正しく表示はしていますが、勘違いを招いてしまうのではないでしょうか。

遺伝子組換えのことを詳しく知らないとしても、消費者であればできれば「避けたい」というのが正直な気持ちだと思います。

それでも日本が遺伝子組換え農産物の輸入大国と言われるのは、結局消費者が買い続けているからと僕は思います。知らなかったから、安いから、とくに危険性を感じてないから。理由はそれぞれだとは思いますが、つくり手側だけの責任では決してないような気がします。消費者である僕たちが、知らない、知ろうとしない、といった他責な姿勢でいたら、状況をさらに悪化させてしまう。言い古された言葉ではありますが、まずは知ることが、そこからどうするかを考える一歩になるのではないでしょうか。

私たちには知る権利がある

ゲノム編集食品についてもお話ししておきましょう。

二〇一九年十月から流通が開始され、すでにみなさんの食卓にも上がっているかもしれません。「かもしれない」と言ったのは、それがゲノム編集食品であっても、そうであることが僕たちにはわからないからです。遺伝子組換え作物とはちがい、表示の義務がないのです。

ゲノム編集技術は、簡単に言うと遺伝子の情報を書き換えて生きものの特徴を変える技術です。生物の特定の機能を破壊や変更するためにＤＮＡを切って編集します。遺伝子組換え技術は、別の生物の遺伝子を外部から組み込むことで新たな機能を持たせようとするものですが、ゲノム編集技術は自然界で起こりうる突然変異を人工的に起こすようなものだから、との理由で厚生労働省や消費者庁は安全であると断定しています。

それが、表示義務がない理由です。

しかし、自然界での突然変異はそう簡単に起きるものでもなく、なにより自分が口にする食材の情報を知る権利が守られない社会はいかがなものでしょう。安心できる食材を選ぶためには、生産者や販売者が情報を包み隠さず、開示する姿勢があるかないかが判断軸になると思います。

このＤＮＡを切って編集する自然に反した技術を使い、動物でももっとも応用が進んでいるのが、筋肉の成長を阻害する遺伝子ミオスタチンを欠損させる方法。生物の筋肉の成長が制御されることなく、大きく成長して筋肉質になります。この方法で誕生したのが肉厚な鯛、通常の養殖鯛の一・二倍も肉厚です。この技術は、家畜にも応用されています。

ほかにも、現在厚労省が受理したゲノム編集食品は、血圧上昇を抑える成分の量が多いトマト、モチモチ食感を高めるトウモロコシ、「食欲を抑える物質を制御する遺伝子」を欠損させたトラフグなどがあります。フグは、天然だと二キログラムに成長するのは四年かかりますが、ゲノム編集の場合は一年半で育ちます。満腹にならずに餌を摂取し続けるため成長が早く、養殖の効率が上がるそうです。

食料安全保障の観点から、水産物や畜産物、農産物の安定供給を図れることを名目にゲノム編集技術を推進する動きが盛んですが、真鯛やマグロだけが魚じゃありませんから、養殖ありきの考えを一度やめてみてもいいのではないでしょうか。漁港で大量に捨てられるおいしい魚を市場にあげれば、いのちを無駄にせず、フードロスにも貢献できると思います。

農作物も肥料不足が問題になっていますが、それこそ自然栽培を取り入れることで解決できます。自然栽培では肥毒を抜いて健康的な土にするために、小麦や大豆を植えるので、それらで穀物自給率を上げることができ、なおかつ作物自体も栄養価の高いものが供給できます。

生産側だけでなく、消費者にもできることはあります。

畜産物で言えば、現代人の肉の食べ方を見直してみるのはひとつの手です。動物性タンパク質ありきの食習慣が当たり前になったため、家畜の生産も効率に追われ、動物たちの扱いが虐待まがいになっている実態もあります。そこから目を逸らし、さらに遺伝子を編集する行為は、アニマルアフェアが叫ばれる昨今において、あまりにも時代錯誤だと思います。

先ほどから申し上げていますが、実態を知ったうえで食生活を考えることは消費者としての責任だと思います。

そのほかの問題点として、想定外の遺伝子変異が起きる可能性があり、アレルゲンとなったり、人体や環境に悪影響のある性質を生み出すリスクも見逃せません。

加えてゲノム編集食品は、厚生労働省が遺伝子組換え食品には行っている食品安全性審査も不要です。

当たり前のことですが、どんな食べものでも、食べたい人、食べていいと思う人がいれば、食べたくない人もいるはずです。ゲノム編集食品に限らず、僕たちが消費者として強く望むのは、せめて買わない選択ができるようにしてほしいということです。口に入れるものは自分で選びたいという消費者の気持ちが置き去りにされては困ります。

品種改良の実情

あなたは、どんなお米が好きですか？　甘いお米？　モチモチとした食感のもの？　軟らかいお米？　白くてツヤツヤしたもの？　お腹が空いてきますね。

最近は、甘くてモチモチしていて、冷めても食味が落ちないお米が人気のようです。それらのなかには、甘みや食感を出すために、在来種のお米をベースに品種改良をしたものが出回っています。

実態は化学培養液に漬け、紫外線を当てて遺伝子を操作することで人為的に甘みやモチモチ度をアップさせているのです。

僕は、あまりモチモチ度が強いお米を勧めません。なぜなら、モチモチ度の強いもち米の要素が強いお米はそもそもあまりたくさん食べられないからです。日本人は長い歴史のなかでお米を主食としてきました。食べられていたのは主に、ササニシキ系のさらっとした粘度の低いお米です。

しかし昨今はお米をたくさん食べなくなりました。それは、お米が甘く、そしてモチモチになったのが理由のひとつではないかと僕は考えることがあります。そしてその分、食生活は肉などの動物性タンパク質中心に変化しています。もちろん、嗜好はそれぞれですが、こういう食事が、日本人がもともと持っている体質に合うかどうかは少し疑問を感じています。

タネなしフルーツの背景には

ここまでくると、タネがもともとはなんだったのかもわからなくなってしまいそうです。

タネを辞書で調べると「発芽のもととなるもの」「誕生のもととなるもの」と書かれていま

す。そうです。タネはいのちのもと、なければ野菜や米は生まれません。その野菜が生まれ、そしてまた実をつけてタネができる。こうして、次世代、次々世代といのちのリレーを行うのが植物や動物など、自然界に生きるものの姿です。

今のタネは人間の作業効率の向上のツールとして使われています。まるでもの扱い。典型的なのがタネなしフルーツです。ぶどうの品種のデラウェアやスイカなど、タネなしのフルーツはいっぱいありますよね。一般的すぎて不思議に思わないかもしれませんが、これっておかしくありませんか？　植物、とくに実なのに、タネがないのです。タネはどこへいってしまったのでしょうか。そして、次の作物はどうやって生まれるのでしょう、そもそもこのフルーツはどうやって生まれたのでしょうか。

もともとほとんどの植物にはタネがあります。ぶどうで言えば、花の段階で二回、ジベレリンというホルモン液にたっぷりと漬け込んでタネができないようにしてしまいます。ふつう植物は、受粉すると雌しべの中で植物ホルモンが盛んに作られます。さらにさまざまな酵素の働きなどでタネができていきますが、ホルモン液に漬けることで受粉と受精が終わったとぶどうに錯覚を起こさせるため、タネができません。

タネなしのぶどうは食べやすいからと消費者には人気で、よく売れます。だから、生産者は作り続けます。

少し気をつけて見てみると、自然だと思っていることが、自然なことではなかった。そんな現実が見えてくると思います。

タネがいのちだということをもう一度思い出してほしいです。

タネを採り続ければ思いがけないプレゼントがある

いのちであるタネ。本来の姿を取り戻すためには、農家さんが自ら自家採種するしか方法はありません。農薬や肥料が抜けきった土で育った野菜から、生産者がタネを採り、また野菜を育てる。このことを繰り返すことにより、タネにも含まれていた肥料成分が抜けていき、自分で育つちからを蘇らせます。

F1種のタネは、翌年は同じような形では育たないという話をしました。でも、植物がいのちを遺そうとするちからもすごいわけです。そのため、なんとか生き抜こうといろいろな形で次の果菜をいっぱい生み出します。そのなかにいくつかはもとの形に近いものがあるので、そこからまたタネを採って野菜を育て、ということを繰り返すうちに、タネから肥料が抜け出して、畑の土にタネが馴染んできます。そして、八年くらい経つと種子はほぼ固定され、その土地の味を持った、その生産者さんならではのブランドとなるわけです。いわゆる固定種です。実際Ｆ１種から固定するケースもありますが、在来種から固定する方が比較的スムーズであることもわかってきました。

千葉の高橋博さんたちは「馬込」という黄色い三寸にんじんをもとに、三十年以上自家採種に取り組んできました、現在、その人参は柿のように甘くなったことから「フルーティー人参」として高く評価されています。形も当初の三寸からオレンジ色の五寸にんじんに変化し、見ごとなにんじんになっています。

ただ、タネを採ることはそう簡単なことではないこともよくわかっています。タネ採り用の畑や乾燥させる場所の確保、適温での管理など大変な手間がかかります。高温多湿な日本の気候は、タネ採りにはあまり向いていません。しかも、何度も話している通り、自家採種をはじめたばかりの時期は、細すぎたり短かったりと野菜の性質も安定しないため、苦労してタネ採りをしても売りものになるとは限りません。

それでも自家採種を勧めたいと思うのは、自家採種を続けてタネと土が合ってくると、素晴らしい相乗効果が起きてタネも土も進化し、高橋さんたちのにんじんのように、その農家さんオリジナルの野菜が生まれることを目のあたりにしているからです。

日本には、「京野菜」や「加賀野菜」「なにわ野菜」など、地域特産の伝統野菜がありま す。これが在来種と呼ばれるものですが、だんだんとその数が減ってきています。育つ地域によって土の質も、気温も、降水量もちがうわけですから、本来であれば、生産地によって野菜の味はそれぞれ変わるはずです。そしてだんだんと、その土地に適した品種に変わっていき、土地ならではの独特の味わいを生み出します。

ワインが、ぶどうの品種が同じでも、生産国や地域によって味わいの特徴が語られるのは、ぶどうが育つ土壌や気候がワインの味わいに影響することが理由のひとつです。野菜も本当は同じです。

農家さんが自家採種を繰り返し、その土地ならではの野菜が戻ってくると、私たちの食卓も本当の意味でとても豊かなものになると思うのです。

第5章

「天然菌」という挑戦

——菌について考えたこと——

市販の味噌を食べられない人がいる

それは二十年ほど前のある日のこと、突然あるお医者さんから僕らの会社に電話がかかってきました。

「そちらで扱っている発酵食品の菌はどんなものですか？　菌を把握していますか」

そう質問されたのですが、「どんな菌？　菌を把握する？」僕には意味がまったくわかりませんでした。

だから、「どういう意味ですか？」とたずねると、「実は私、化学物質過敏症やアレルギーのかたを中心に診ている医者です。そのかたがたが食べることができる発酵食品がないのです」と話をはじめました。

化学物質過敏症とは、基本的にはクスリや化学物質を摂取すると、粘膜や皮膚に異常が起きたり、呼吸困難になったり、不整脈など循環器に問題が起きたりする症状を言います。反応する物質やその分量、起きる症状は人によってさまざまですが、ひどいときには命に関わることもあるそうです。

その病気を患った人たちが、食べられるものがない。ということは、手に入る発酵食品のほぼ全てに化学物質が含まれているということになります。僕はそのことを理解するまでにしばらく時間がかかりました。なぜって、恥ずかしながら発酵食品は全て天然の菌でつくられていると思っていたからです。

化学物質過敏症の重度の症状を持ったかたは有機野菜にも反応するそうです。そのお医者さんは実際、医療の現場でそのことを見ていると話しました。あとになってわかったことですが、僕たちが扱う自然栽培の野菜を購入する人のなかには、化学物質過敏症やアレルギーの人も少なくありません。自然栽培の野菜は、農薬も肥料も、化学的なものは一切使用していませんから、食べられるわけです。事実、「これなら私も食べられました！」というお便りをよくもらいます。

その先生は、市販の多くの発酵食品は天然の菌でつくられているわけではないと説明をしてくれました。そして、「有機・無添加」と書かれた発酵食品でも食べられない場合があると話すのです。もちろん、僕たちが売っていた味噌や醤油も化学物質過敏症の人は食べられない可能性があると言いました。

そこから僕は菌について真剣に勉強しました。そして、発酵食品をつくるための菌がある一定のメーカーでつくられていることをはじめて知りました。二〇〇一年の春のことでした。

天然菌を使っていない発酵食品

私たちが日常的に口にしている発酵食品と言えば、醤油、味噌、酢、納豆、日本酒やビール、ワイン、ヨーグルトにチーズ、ぬか漬けやかつお節なんかもそうですね。日本は発酵食品の文化ですから、かなりの数のものが挙げられると思います。

こちらで主役となる菌は、米や果実などを酒にする酵母菌や、酒を酢にする酢酸菌など。もともと発酵食品とは偶然の産物ですから、つくられる過程で働く菌は、味噌や醤油はそれぞれの蔵に棲息している麴菌、納豆はワラにいる納豆菌、日本酒は酒蔵で生きている酵母菌など、自然に存在している菌であり、また、これらの自然な営みでつくられているもののはずです。

また、味噌や醤油は、甘み、酸味、塩っけ、辛み、苦み、うまみといった味の構成要素を全て持ち、複雑な味わいを生み出しています。これは自然の菌が生み出す味わいなのです。

なかでも、さまざまな要素で構成されるうまみは、発酵に寄与するところも少なくありません。また、発酵調味料はアジア特有の文化であり、その味わいに含まれるうまみは、「UMAMI」という第六の味として世界の共通語にもなりました。

しかし、自然の営みのなかで棲息している菌を活用していたのは、数十年前までの話。驚くことに、現在、天然の菌を使って発酵食品をつくる蔵はほとんどないというのです。

こんなに素晴らしい発酵食品という日本の文化が、昔ながらのものではなくなっていることを僕は知りませんでした。先人から受け継いできた発酵醸造食の技が、今や消滅寸前だというのです。

今日、スーパーマーケットなどに並ぶ市販の発酵食品はおろか、自然食品店に置かれているものでも、天然菌のものはほぼないでしょう。僕の店でも、そのときまではそうだったのです。

その菌はつくられている

では、いったいなにを使って発酵食品をつくっているのか、僕は不思議に思いました。

実は、種菌メーカーから買った「発酵醸造菌」なのです。それは、さまざまな種類の菌が共生して醸し出す自然の営みに対して、遺伝子操作や薬品を使うなどして、なにかひとつの作用のために働くものに仕立て上げた菌です。

具体的な例が、特定の栄養素が豊富と銘打った納豆です。同じ大豆からできているのにある一定の栄養素のみ豊富になるというのは、なにか特別な処理を施さない限りあり得ません。そのために、次のような方法をとっていることがあるようです。

「公開特許公報　特開２０００－２８７６７６」をもとにそのつくりかたを追ってみたいと思います。まず、空気中にいる天然の菌や、ワラや食べものに付いている納豆菌を採取し、目的に適った菌を分離し培養します。それら菌に対して放射線を浴びせたり、抗生物質などを使って突然変異を誘発します。その変異した菌のなかから、いい香り、においがしない、メーカーの求める特定成分の多い・少ないなどの特殊な菌を選び出し、培養液で増殖させます。そして混じり込んだ目的以外の菌を殺すための殺菌剤、白砂糖やエキス類やアミノ酸などの化学調味料、栄養剤やタミン剤やミネラル剤を添加し、各蔵に出荷されます。

人間の思惑で菌の遺伝子を操作し、大量生産することで効率を求める方法論が今やスタンダードとなっているのです。

天然菌とつくられた菌はなにがちがうのか

化学的に分離培養された菌は、天然菌となにがちがうのか。

天然菌には多種多様な菌が含まれているのに対し、分離培養菌は単一菌がほとんどです。目的に応じて特定のひとつの菌のみを分離・培養するため、別名を純粋培養菌とも言います。それによって、どんなちがいが起こると考えられるか、具体的な食品で見ていきます。

わかりやすいのがパン。最近、巷でも天然酵母パンが人気です。いちごやぶどうなどから、自分で酵母をつくる人もいるようです。なぜ人気があるかと言えばやっぱり、おいしいからでしょう。このおいしさの差が、まさに天然菌と培養菌の差なんです。

天然酵母は、果物や小麦などに棲息している菌で、何種類もの酵母菌のほか、麴菌や乳酸菌などもいっしょに生きています。一方、通常パンをつくる際に使われる菌であるイーストは、酵母菌はほぼ一種類で、ほかの菌もごくわずかしか含みません。イースト菌はパンを膨らますことはできますが、独特のおいしい香りや味を出すことはできません。そのため、マーガリンや香料などで香りや味をあとから加えます。天然酵母で作ったパンがおいしいのは、何種類もの菌が働いてこそだったのです。

ほかにも、かつお節からとっただしは、イノシン酸などのうまみのアミノ酸だけでなく、ほかの多くの成分を含み、そのハーモニーが絶妙な味わいを作り出しています。これも発酵がなせる技。粉末やスープなどのだしの素は、かつお節に含まれるアミノ酸などをひとつひとつ抽出し、あとで混ぜたものです。人工的なうまみですから、本来のだしの深みのある味わいは絶対に再現できません。分離培養菌からつくっただしの素は、化学調味料的と言っても過言ではないかもしれません。

また、削り節で言えば、かつお節削り節は発酵食品ですが、かつお削り節はカツオを乾燥させて削っただけのもの。うまみを出すために化学調味料で味つけしているものもあるようですが、表示義務がないのでパッケージの裏には書かれていません。

発酵食品ではないのですが、塩の世界でも非常に似たことが起きています。

市販されている塩には、自然塩と精製塩の二種類があります。

自然塩は、製法はいろいろありますが、基本は海水を原料として結晶化させたものです。

もう一方の精製塩は、メキシコやオーストラリアから輸入した塩を原料として電気分解させ、純粋な塩化ナトリウムを取り出します。成分で言えば、自然塩には塩化ナトリウムのほか、塩化マグネシウム、塩化カリウムなど一〇〇種類ほどのミネラルが含まれています。それによって塩辛さだけでなく、酸味、甘み、コクのある苦みなど塩としてのうまみが感じられるのです。自然塩は天然菌に、精製塩が分離培養菌にたとえられますね。

菌の世界は、コーラスと似ています。四人がそれぞれソプラノ、アルト、テノール、バスの声で歌えばハーモニーが生まれ、ひとつの感動的な歌が生まれます。四人が同じ音程では素晴らしくても、和音の感動はありません。菌にもそれぞれに役割があり、互いを補い合うどころか相乗効果を生んでいるのです。

菌は「業者から買う」のが当たり前

お医者さんからの連絡を受け、僕はとてもショックでした。自分の不勉強はさることながら、自分が扱うものが、自分たちが信じてきたものとは真逆の不自然なものであり、そして、そんなものをお客さまに勧めてきてしまったわけですから。

僕はまず、自分の店で取り扱っている発酵食品の全てのメーカーに問い合わせてみました。するとどこの蔵の社長さんも「菌まではわからないなぁ、買っているからなぁ」というのです。「買っている先に、菌がどうつくられているかは聞いたことはありませんか？」とたずねると、「聞いてもそう簡単には教えてくれないよ」との答え。

タネと同じことが起きていました。発酵食品の世界でも、菌は当たり前に買うものになっていたのです。

分離培養菌を使うことによって、味にムラが出ない、生産のスピードが上がる、抽出した菌を組み合わせて新しい風味をつくるなどの効果があります。

効果のあるものは、必ずどこかで副作用が生まれている。しかも、その代償は、僕たち人間にとって決して小さなものではないと僕は思います。

菌にも地域の味がある

一方、僕に電話をかけてきたお医者さんは、全国の蔵元に片っ端から電話をして菌のことをたずねていました。

そしてやっと、四国に一軒、天然の麴菌で味噌をつくっている蔵元を見つけました。しかし、そこの味噌はとてもクセがあり、商品化をしても多くの人に受け入れてもらうのは難しいだろうという判断で断念。そこで麴菌を調査してみると、四国のものは本州のものと明らかに質がちがいました。そのエリアに根ざした麴菌でつくる味噌は、地元の人にはおいしく食べ慣れた味なのですが、信州味噌を食べ慣れている関東の人にはクセがあると感じてしまう。それは、どうやら菌のタイプのちがいのようなのです。

そう、菌は地域によって味がちがうということです。

以前、日本酒の利き酒の品評委員会が、「最近の日本酒は昔と比べて地域による味の差がなくなってきた」というコメントをしていました。

この言葉は、まさに菌の地域性をあらわしています。日本酒は、日本人にとって地酒です。その名の通り、つくられる地域によって味がちがうのが当たり前のはず。しかし今は、限られたメーカーが菌の製造を行っているため、日本全国で同じような味になってしまっているのです。

天然菌の復活その①　〈昔は蔵にいた〉

もはや発酵食品を天然菌でつくっているところは残っていない、ほぼゼロであるという事実に直面したお医者さんは、これはもう蔵元を歩いて回り、つくってもらうしかないという結論にたどり着きました。

そして出合えたのが、福井県にある「マルカワみそ」でした。一九一四年から続く、古い蔵元です。

最初、お医者さんがその蔵元に打診をしたところ、当時の社長の河崎宏さんからは、やはり「今はみんな買っていますからね」という答えが返ってきました。しかし、「化学物質過敏症の人たちは少しの化学系の薬品などに反応してしまって、食べられるものがなくなってきているんです」と熱心に説明していると、その話を横で聞いていた先代の河崎宇右衛門さんが、「昔も菌を買っていたけど、蔵や梁に麹菌がびっしり張りついていたから自分で採取してみたんだよ。そうやってつくった天然菌の味噌は、それはそれはうまかったんだよ」と話しはじめたのです。

発酵文化の衰退は四百年前からはじまっていた？

そして、話を聞き進めていくうちに興味深い事実がわかってきました。僕は、昔は誰もが天然菌で味噌をつくっていたと思っていましたが、そうではありませんでした。すでに江戸時代には麴屋がいて、蔵元はそこから麴菌を買っていました。その頃はもちろんまだ化学薬品や遺伝子操作の技術はありませんから、今のような一元化された麴菌ではなく、それなりの地域ならではのものだったと思います。

ではこの時代、麴屋はなにを使って麴菌を分離・培養していたかというと、木灰なんです。天然素材ですね。

が、このことが、なぜ蔵元が自家採種した天然菌を使っていなかったか、という裏側に通じるかもしれないと僕は思いつきました。

その理由はこうです。

農業では、鎌倉時代あたりから、今で言う有機肥料を使い、量産体制に入っていきました。肥料の使いかたも人それぞれで、生産者によっては大量に投入したり、わずかしか使わ

100年の歴史を持つ福井県 マルカワみその外観。

なかったり、使用量は一定ではなかったはずです。

一方で発酵食品の歴史を振り返ると、戦国時代、伊達政宗が仙台城下に御塩噌蔵（ごえんそぐら）と言われる味噌の醸造所を作ると、全国各地にも味噌蔵ができていきました。ただ、菌というのは、温度や湿度によってベストの状態を保つのがとても難しいものです。当時はほとんど職人の勘の世界でした。

また、発酵食品をつくるには、当然のことながらベースとなる素材、原材料がいります。味噌の場合は、いろいろありますが、基本は米と大豆です。これらはたいてい農家から買っていたと思います。まだ多くの蔵元が天然菌を使っていた時代です。

菌の扱いが難しいせいか、味噌の仕上がりがうまくいったり、いかなかったり、なかなか安定しない。

なぜか?

素材に含まれる肥料が発酵の過程で影響してしまったからではないかと僕は考えました。含まれる肥料分の多い米や大豆を使った場合はうまくいかず、肥料分が少ない場合はうまくいく。当時、蔵の職人たちがこのことに気づくことができたら、素材のクオリティーを見直す方にシフトしたかもしれません。しかしそこで生まれたのは、仕上がりをもっと不変的にするために、雑菌を排除しようという概念でした。麹菌のなかでも、発酵に役立つための菌だけをつくり出すという、今の分離・培養の技術に通じます。

そして先ほども話したように、木灰が使われることになりましたが、これはアルカリ性の物質で除菌をするような感じです。そして時代が進むにつれ、効率の悪い木灰に代わり、さまざまな薬品が開発されていきます。

僕ら専用のたるをつくり仕込ませていただいた。

菌が化学的に操作されるようになったのは、原料を腐らせず発酵に導くためには強力な発酵菌をつくって添加するしか方法がなかったのではないでしょうか。バイオテクノロジーの名のもとで、日に日に開発される菌は、裏返せば素材の悪さを露呈しているのかもしれません。

ここまでの話をまとめると、農業に肥料が使われはじめた頃にはすでに、発酵食品は本来の姿とはちがった要素を持ちはじめ、麹職人が栄華を誇った江戸時代にはもう、昔ながらの発酵文化が衰退する一歩を歩みはじめていたのではないかということです。これはあくまでも僕の推測ではありますが、あながち的外れとも言えない気がしています。

天然菌の復活その② 〈天然菌の自家採取の再開〉

先ほどの話からは、天然菌はいい素材でないと生きていけないということもわかります。それについては、もう少しあとで話しますので、天然麹菌の味噌の復活秘話に戻りましょう。

先代の河崎宇右衛門さんが最初に天然菌で味噌をつくったのは偶然でした。たまたまそのとき使った米や大豆がいい質のものだったために、天然菌を呼び込むことができたのだと推測されます。そしてできあがった味噌が近所の評判になり、麹屋までがマルカワみそで使う麹菌をもらいにきたそうです。

話をしているうちに、当時の社長の宏さんも、「日本から姿を消してしまった天然麹菌を使って味噌をつくろう」と乗り気になってくれました。麹菌の自家採取の再開です。とは言え、熟成期間の長さや原材料など質や量を考えると、商品化に失敗したら大変なことになってしまいます。でも、私たちは信じていました。野菜と同じように、自然の仕組みにきちんと則り、きちんと丹念に仕込んでいけば必ずできるはずだと……。

天然菌での味噌づくりは、麴菌の自家採取や熟成管理がとても難しいため、五十年前まで天然麴菌を扱っていた先代・宇右衛門さんの記憶に委ねることになりました。宇右衛門さんのノウハウを書き留めた帳面と、勘と記憶をたどり、創業以来百年以上も蔵に棲みついている天然菌を採取するところからのはじまりです。

素材の大豆に生命力がなければよい菌は付かない

では、目に見えない菌をどのように採取するかというと、まずは青大豆をある一定期間蔵に置き、青大豆に菌が付いてくるのを待ちます。カビが生えたような状態になると、これが種麴です。

マルカワみそで何回か繰り返すうちにわかったことがありました。菌を呼び込むにあたり、そのときの湿度と温度がとても重要だということ、そして大豆のクオリティーが大きく影響するということです。以前、自然栽培の歴史の浅い大豆で採ろうとしたところ、大豆に麴菌がうまく付かず、二度三度の失敗を繰り返したあとに、自然栽培歴の長い青大豆で試し

自然栽培歴の長い、元気な青大豆を使ったらうまく菌が付いた。

てみました。すると、とてもうまく付いた。

天然菌と素材との組み合わせの問題は、味噌だけでなく、後々、醤油や酢、日本酒なども天然菌を使って商品化に取り組むなかで、明確になっていきました。

静岡県藤枝市の杉井酒造も天然菌の復活に協力してくれた日本酒の蔵元です。杉井さんは大変研究熱心なかたでさまざまな実験を自分でしているのです。また日本酒以外にも焼酎も、味醂も手掛ける蔵元さんです。

天然菌で日本酒を仕込んでみると、菌と素材（日本酒の場合は米）の組み合わせのパターンによって、仕上がりに差があることがつかめました。

①天然菌＋自然栽培米

……糖化の能力が高く、天然菌の発酵力が発揮される。

②天然菌＋一般栽培米
……天然菌の発酵力が発揮されにくい。
③分離・培養菌（純粋培養菌）＋一般栽培米
……数値にすると②よりも菌の発酵力が強く出る。

よく②と③を比べて、やはり天然菌の発酵力は弱いと誤解されることがありますが、これはベースとなる素材に問題があるのです。

①を見ればわかるように、やはり自然界のものは自然界のもの同士でないと相性が合わない。天然菌はとても強い発酵力を持っていますが、ベースとなる素材自体が天然のものでないとうまく発酵していかないのです。

ビン詰めの野菜の腐敗実験でもわかるように、素材がよくなければ自然な菌が働いても腐敗へ向かい、素材がよければ発酵に向かいます。以前、ある大学病院の研究員の人たちに腐敗と発酵を化学的に説明するなら、どういう差があるのかを聞いたことがありました。不思議なことに、見た目が明らかにちがうのに、化学的には同じ作用だそうです。化学の目では腐敗も発酵も、同じ価値観で捉えているのです。

天然菌の復活その③〈うまみの四重奏〉

天然菌の採取の再開は、夏でした。福井地方では、気温が三〇度以上の日が一週間続く真夏の時期に種麴をつくっていたそうです。その技術を当時の社長の河崎宏さんへ継承できるよう、この時期に宇右衛門さんと取り組んでもらうことになりました。

七月に入り、気温が三〇度を超すようになった頃、いよいよ麴菌づくりがはじまりました。しかし、五十年ぶりなので、最初からうまくいくはずがありません。麴菌が好む青大豆の柔らかさはどのくらいなのかなど、感覚が問われながら何回か失敗を繰り返しましたが、八月に入り、まずは種麴ができました。

しかし、ここからが次の難関。完成した天然麴菌に味噌をつくる能力が十分にあるかどうか、まだわかりません。味噌を仕込んで一年後、樽を開けてはじめて麴菌がうまく働かなかったとわかっても後の祭りです。そのため、味噌づくりがうまくいくか判断するために、

三年の年月をかけ、ようやく天然酵母味噌が完成した。

昔から味噌を仕込む前に作ってみるものがあると河崎さんは教えてくれました。

なんだと思いますか？

答えは、甘酒。おいしくできれば、種麴づくりは成功。十分に糖化能力がある証拠だそうです。

そこでさっそく甘酒を作ってみたところ、とても素晴らしいものができ、試飲したマルカワみそのみなさんもそのおいしさに驚いた様子でした。それまで飲んできた甘酒とちがい、奥深いうまみがありました。

この味わいには、きちんとわけがあります。マルカワみその蔵に棲息する天然種麹を研究機関に出して調べると、なんと少しずつ性格のちがう四種類の麹菌が含まれていることがわかりました。単一の麹菌だけでなく、天然に棲息している四種類の麹菌が働き、それぞれの味を醸すので、複雑で奥深い味わいを生み出すのです。うまみの四重奏といったところでしょうか。

そして、学習と実践を重ねた結果、いよいよ国内で半世紀ぶりとなる天然麹菌仕込み味噌が復活を遂げることになります。完成までかかった月日は、なんと三年。失敗を重ね続け、二〇〇二年ようやくこの世に送り出すことができました。天然菌復活第一号のこの味噌を『蔵の郷』（現在は「ナチュラル・ハーモニーの米味噌」に名称変更）と名づけました。

化学物質過敏症の人でも食べられる

さっそく、できあがった『蔵の郷』改め「ナチュラル・ハーモニーの米味噌」を今まで味噌が食べられなかった人に試してもらうことに。自信はありました。

結果は、○。食べられたのです。「やっぱり」と思いました。この人は味噌が食べられないわけではなく、天然菌とよい大豆を使い、きちんと発酵させた味噌を食べていなかったということだったのでしょう。

そのことがわかっただけでなく、その人が「いやぁ、味噌汁ってこんなにおいしいものだったんですね」と喜んでくれたことが、なにより嬉しかった。

そして、そのことを蔵元に伝えると、「確かに大変で手間もかかるけれど、これこそ本物だよね。自分の仕事に満足できたよ」と言ってくれました。

だしがいらない味噌汁

ほかのお客さまからも「だしがいらないくらいおいしい」とよく言われます（これぞまさしく「手前味噌」ですが）。なぜおいしいかと言えば、うまみ成分であるアミノ酸の含有量が多いからです。当然、昆布のグルタミン酸やかつお節のイノシン酸などをだしで足した方が味噌汁はおいしくできるけれど、入れなくても十分おいしく飲めます。価格は？　というと、スーパーなどで売っている味噌に比べると、やはり手間がかかった分だけ高いです。

しかし、僕は思うのです。これが本来の値段なのではないかと。なぜって、味噌をきちんとつくるための工程を全て行っているのが天然麹菌の味噌だからです。リーズナブルな味噌は、扱いやすい分離培養菌を使い、発酵時間を短縮し、味をあとで添加する。安くできるだけの工程をたどっています。価格ありきでつくったものか、本来のつくり方をしたものか、どちらを選ぶかはあなた次第ですが、ぜひ一度天然麹菌の味噌を味わってもらいたいです。

それに味噌ができあがる過程でさまざまな菌が働き、生理活性物質をつくります。ビタミン、酵素、ホルモン、アミノ酸などなど。私たちに必要な物質を意図なく、提供してくれるのです。現在、わざわざお金を出してサプリメントで、その物質を摂取する傾向が強いようですが、本来味噌汁一杯で十分こと足りるのです。

少し値段は高いけれど、よい素材を使ってつくり、おいしくて、それだけで栄養たっぷりなら、そちらの方がよいと思いませんか。長い目で見れば、同じお金をかけて健康でいられるのは、きちんとした工程を踏んでつくられたものです。僕は栄養という概念はいったん頭から取り去った方がいいと思っていますが（その理由はのちほど）、きちんとつくられたものは、プロセスを省いてつくったものに比べて栄養価も確実に高いのです。

天然菌で広がっていく発酵食品いろいろ

マルカワみそで採れた麹菌は、今やいろいろな発酵食品を生み出しています。醤油、酢、日本酒など。当初、味噌用に採った麹菌がほかの発酵食品に使えるか、正直わからなかったのですが、「同じ麹菌だから、やってみる?」とトライしてみると、見ごとに成功。まだまだ絶対数は少ないですが、天然菌で作る、昔ながらの発酵食品の輪が全国に広がりを見せています。

醤油は、静岡県の栄醤油醸造と島根県の森田醤油店で仕込んでもらっている「ナチュラル・ハーモニーの木桶熟成醤油」で、原料となる大豆と小麦は、全国の自然栽培農家さんのものを使用。酢は、福岡県の庄分酢、三重県のＭＩＫＵＲＡ Ｖｉｎｅｇａｒｙで仕込んでもらっている「ナチュラル・ハーモニーの甕仕込み純米酢」「木桶仕込み玄米酢」。原料となる米は、自然栽培ササニシキを使っています。

日本酒は、静岡県の杉井酒造と千葉県の寺田本家で仕込んでもらったものが商品化されています。原料となる米は、お酢同様、自然栽培ササニシキです。火入れをしていないため、品目によっては、フタを開ける際に気をつけないと噴出してしまうほど、菌が生きているのがわかります。必ず冷蔵保存が必要です。常温で置いておくと、菌が生きているために発酵が進んで、お酢になってしまいます。

もうひとつ、発酵食品で忘れてはならないのが納豆。天然納豆菌のワラ納豆を製造しているのが、栃木県真岡市のフクダ。雑誌や新聞でも紹介されて知っている人もいると思いますが、例のお医者さんがインターネットで見つけ、すぐにコンタクトをとりました。当時の社長の福田良夫さんのお話によると、真岡地方の農村に残る固有の食文化が完全に消えゆく前に、親から子へ、子から孫へと脈々と伝えられている納豆を復活させたい、という思いで製造をはじめたそうです。天然ワラ納豆は、農家の人びとが冬の農閑期に自分たちで食べる分だけを自家用につくっていました。しかし、近年はこの納豆をつくる農家もほとんどなくなってしまい、めったに食べられないものになっていたそうです。

納豆の旬とは?

納豆に旬があるのを知っていますか。

実は、冬が旬なのです。ワラが採れるのは米の収穫が終わった秋、大豆が採れるのも秋、納豆はそれが終わってから仕込むからです。ときどき、ワラに包まれた納豆が売られていますが、それはたぶん包装として使っているだけで、そこに棲む菌で納豆をつくっているわけではないでしょう。

納豆菌は、別名「枯れ草菌」と言い、植物の葉っぱを枯らしていく頃に活動力が高まります。

販売を始めたばかりのある夏の日のことです。お客さまから「この納豆は確かに自然かもしれないけれど、糸の引きが悪すぎます」と言われたことがありました。実は僕も、糸の引きが悪いなと思っていたところでしたが、当時の僕は恥ずかしながら、そもそも旬があるという概念がないため、理由はさっぱりわかりません。そのことを福田さんと話すなかで、一番糸の引きが強いのは冬であることに気がつきました。

でも、スーパーなどで売られている納豆は、夏場でも糸を引きます。遺伝子を操作して、夏でも糸を引くように納豆菌をつくっているからではないかと思います。これではたとえいくらよい大豆を使っていても、自然な状態ではないので、もったいないです。なにも大豆は納豆に限ったものではないのだから、もし夏に食べたいならば冷奴や枝豆を食べればよいわけです。そうやって季節のものを味わうことも大切ですね（現在ナチュラル・ハーモニーでは、夏も納豆を販売していますが、温度管理をすることで販売を可能にしています）。

味噌汁は自然がつくった完成形

僕は、発酵食品は自然がつくった完成形だと思っています。素材があり、その素材がベースとなり、空気中に生きる菌と調和し、時間を経て新しい姿になっていく。日本の発酵食品はほとんどの場合、素材は米や大豆、麦など畑や田んぼから採れる作物です。第1章から第4章にかけて話してきた、土の中とタネの世界が生み出したものに、菌という存在・働きが加わり、さらには、僕たち人間の勘や技が織り込まれる。この章で話した通り、自然界のルールを壊さないように人間がそこに介在するのはとても大変なことです。なぜなら、人にはエゴが働くからです。まるで自然界を操っているのが自分たち人間かのように。

人が自分たちの勝手を振りかざさずに、きちんと自然のルールに則り、そこに関与できるようになったとき、そのときはじめて、自然界に存在する全てのものがひとつになり、真の発酵食品はできあがるわけです。僕が、発酵食品は自然がつくった完成形と感じる理由がわかってもらえると思います。

菌は人間に必要なもの

第1章や第2章で話した腐敗実験からもわかることですが、菌には全て役割があります。きれい・汚い、善い・悪いとかではなく、環境に応じてそれぞれの菌が働いています。

一般的に米や柿などをお酒にする酵母菌や、お酒をお酢にする酢酸菌は、有用菌として毛嫌いされることはありません。しかし、腐敗に導く菌はばい菌という扱いで目の敵にされているところがあります。

しかし、人間が嫌うばい菌は本当に悪いものなのでしょうか。もう一度腐敗実験を思い出してみてください。多くの人がばい菌だと思っている腐敗菌が働いて野菜は腐り、そして野菜は腐ったあとに水になりました。地球にとって不純なものを分解し、自然な形にして地球に戻したと考えられます。浄化・修理の作用です。むしろ、ばい菌は自然界に反して生産された物質をいち早く分解し、地球に還元させる大切な役目を担っているのではないかとも思えます。

野菜などが腐っている間は、菌が野菜を駆逐しているように見えるため、人間にとってはよくない作用を起こしていると思われがちですが、大きな目で見ると悪者じゃない。ばい菌と言っているのは僕たち人間だけで、自然界には、善い菌とか悪い菌とか、そんな分け隔てはありません。その状況に応じて、それぞれの素材、環境にふさわしい菌たちが、ただ役割を果たしている。ただそれだけの、いたってシンプルな世界。もう一方から見れば、全ての存在に役割があるとも言えると思います。

菌から連想する言葉には、ばい菌とか細菌、カビ、除菌などがありそうです。なんとなく全般的にあまりよいイメージがなく、汚い存在と思われているのかな、なんて僕は感じます。菌の中には、僕たちが生きるために必要なものもあれば、場合によっては脅威に導くものもありますが（これも菌が悪いわけではありませんが）、菌と付く言葉は全ていっしょくたになっているように思えます。

でも、菌は決して悪者ではありません。

僕たちのからだもカビや細菌で成り立っているという事実があります。だからもし、菌が汚いものだったら、僕たちも汚いものになってしまいます。

今まで話してきた、日本が誇る発酵食品も菌が存在しないとできないものです。菌が汚くて有害なものだったら、食べ続けることはなかったはず。

僕たちは今、天然菌を使った発酵食品づくりを通じて、菌という自然の存在のありがたさを、世間に問い続けている最中、と言えるかもしれません。

第6章

自然は善ならず

——自然界を見つめなおして思うこと——

できることから少しずつ、でかまわない

ここまで、野菜のこと、肥料のこと、土のこと、タネのこと、そして菌のことについて話してきました。

そのどれを取り巻く世界でも、今同じようなことが起きていると僕は思います。地球上に存在する自然はつながっている、なにかひとつが欠けると大きく狂っていってしまう……そんなメッセージが伝えられていたらいいな、と思います。

ひとつのボタンのかけちがいが人生を狂わすとはよく聞くことですが、自然界も同じだと僕は思っています。そして、これまでそのかけちがいをつくってきたのは、僕たち人間にほかならないのではないか。

だから僕は思うのです。自分たちの手でバランスを崩してしまったのなら、自分たちの手で戻していこうと。

その一歩として、僕は自然栽培や天然菌の発酵食品の開発に携わっているのです。そして、今までの話からわかってもらえると思いますが、「不可能なのではないか」と周囲からあ

やぶまれた自然栽培野菜も、天然菌の発酵食品も、実際に形になっています。肥料もなにも加えなくても、菌を操作しなくても、僕たちが食べるものはきちんとできます。環境に、地球に、自分たちに負担をかけてきてしまった今までのやり方でなくても、きちんとできるのです。

消費者のかたがたには、まずは自然の摂理に則ってつくられたものが世の中にあることを知ってもらいたいです。もちろん、全ての食を急に切り替えなくたっていいし、多くの市販品が食べられない、なんて困る必要もありません。できることから少しずつ、たとえば、まずは味噌を天然麹菌のものに替えてみるとか、価格が高いと感じるなら週一回だけその味噌を使った味噌汁を飲むとか、そんなことからはじめてもらえば嬉しいかぎりです。

農家さんが、有機栽培から自然栽培へ切り替えるとき、僕は必ずこう話します。

「畑や田んぼ、一気に全部を自然栽培に変えないでくださいね」

「絶対に畑や田んぼの一部から、自然栽培をはじめてくださいね」

第3章でも話したように、土が生まれ変わるまでには時間がかかります。そのため、農地を一気に自然栽培に変えてしまうと、土の浄化が行われている間、しばらくは農作物の収穫量が減少するということも起こり得るから。それでは困ります。農業経営者としては、その間だって農業で生活をしていかなくてはいけませんし、もし作物が採れなくなってしまったら、その補償は僕にはできません。

また、土が生まれ変わるまでの間、乗り越える精神力も必要です。浄化のために虫も寄ってくるでしょうし、病気も出るでしょうから、その光景を見て「土が生まれ変われば、作物は絶対にできるんだ」と信じ続けることも大変な苦労です。せっかく知ったのに、せっかくはじめたのに、続けられなければ土は元の木阿弥なんてことにもなりかねません。だから、農家さんにも負担がかからないよう、できることからはじめてもらうように話すのが僕の役割です。

自然界では、実をならすのも、熟成するのも、しっかりと時間をかけています。同じようにものごとにきちんとした結果を出すには、ある程度時間がかかるのが当然のはずです。理想の世界は一足とびには絶対にやってきません。

結果が出るまでの時間が短い方がむしろ不自然だ、と僕は思います。結果が出るまでの時間を早めるには、ほとんどの場合、工程を省くしかありませんから。

少しでいい、ひとつでいいから、まずはそこをしっかり、手を抜くことなく、省くことなく順序通りにやってみる。例えば農地の1割から始めるとか。そして、それができたら、また次に手をかける。ぎっしりと詰まったひとつひとつが寄り集まれば、大きなものとなって、なにかを動かす力になっていくはずだと、僕は自然を通して感じています。

「植物を食べる」ことの意味

ここまでの話で「害虫」「雑草」「ばい菌」、これらは人がつくり出した概念だということもわかってもらえたかと思います。

自然界では全ての虫に役割があり、雑草なんていう草はなく、菌の世界にも悪い菌は存在しない。その証拠に山々は絶えることがありません。永続的に繁茂し、いのちをつないでいます。そこには害虫や病原菌も確かに存在します。しかし、大自然の中では、それらが悪さをしても突出することはなく、絶妙なバランスを保っていることがほとんどです。「いるけど、悪さをしない」。自然界は、そんな世界です。

植物と人間では、いのちの仕組みがちがうかもしれませんが、僕は生命体として同じ目線で捉えています。

昔の人たちも当たり前に、そう捉えていたように思えます。そして、そのDNAを引き継ぐ僕たち人間は、そのことを心で感じて生きているはずです。植物と自分たちが同じ存在であるということに気がついたとき、頭で理解するのではなく心が反応する感覚なのではないかと思います。

僕たちも「善い、悪い」がない自然界で生きているのです。全ての生物がバランスを取りながら共存しているこの世界で存在できているということは、生かされているということではないでしょうか。人間という生命体がこの地球に誕生したときから、植物や動物を食べて生きてきました。彼らが存在しなければ、人間のいのちはつながっていきませんでした。自然界に存在するものに生かされてきたわけです。捕獲する能力を持つ人間は、ついそのことを忘れて自分たちが一番ちからのある存在だと思いがちです。

植物でも、動物でも、人でも、いのちは全て対等です。ただ役割がちがうだけ。人間は考えるちからがあり、動くことができる生命体。植物はその場から動くことができません。ひとつの場所でゆっくり、ゆっくりと生長し、動物や人間に自分という存在を与え、僕たちのいのちを次に託してくれている、ありがたい存在です。

こういう植物を食べることによって、僕たちは命をつなぐことができます。言ってみれば、いのちの循環というのは、わけ隔てなく、善悪なく、そして優劣もなく、自然界の流れのなかにきちんと成り立っています。それを人間が、自分たちの都合で植物や動物を扱い、不調和を生み出してしまった。

その結果、最終的に生きにくくなったのは、僕たち人間でした。自分たちが生み出してしまった反自然のサイクルをもう一度もとに戻し、自然なサイクルにするためには、そろそろ僕たち人間が行動も心も変えていかないといけない。そんな時代が来ていると思いませんか。

野菜の栄養価は昔より落ちている

高度成長期から今に至るまで、人びとは、上へ、もっと上へ、もっと強く、もっと豊かに、と汗水流して働き、化学などのちからを駆使して効率、スピードを求めてきました。世の中は確かに便利になり、人びとの生活水準も上がりました。この発展は、豊かさを求めた人びとの努力、開発され続けた技術や化学のちからなどのおかげであったことは、まぎれもない事実です。そのことに対する感謝の気持ちは常に持ち続けていないといけません。でもその一方で、僕は思うのです。効率を求め、プロセスを省いてスピードがアップし、便利になった結果、僕たちに還元されるものはわずかになった、と。

野菜で言えば、化学肥料などのちからで栽培期間が短くなり、野菜の収穫量もグンと上がりました。でも、昔に比べて野菜の栄養価は格段に落ちている、というデータがあります。「日本食品標準成分表」（初訂、八訂）をもとに一九五〇年と二〇二〇年の野菜一〇〇グラムあたりの栄養価を比べると、ほうれんそうの鉄分は一三ミリグラムから二ミリグラムに落ちており八割以上の減となっています。

「昔の野菜はこんな味じゃなかった」という高齢のかたもいらっしゃいますが、落ちているのは味だけではない、クオリティもなのです。野菜の本質的な部分が低下してしまっている。

ということは、本物の野菜が僕たちの手には入りにくくなっているということです。だから、「昔ながらの農法」とうたわれる有機栽培がこんなにも広まったのかもしれません。昔の農法なら、おいしくて安全で、栄養もいっぱいありそう、なんていう人びとのイメージが有機野菜を求めたのでしょう。が実際、有機農業にも問題が見つかってしまいました。

これは野菜だけに見られることではありません。人びとが今、伝統とか、文化とか、和の世界に惹かれたり、原点回帰をよしとする傾向があるのも同じ理由だと思います。次々に求め、生み出してきた新しいものや便利なものは、そのときその場を満たしてくれるものでしかなく、本質を満たしてくれるものではなかったことに気づいたからではないでしょうか。

この世に起こること、生まれてきたものの全ては、必要とされていたから起き、生まれてきたはずです。しかし時代が変わると悪者として扱われてしまう。そのもの自体はなにも変わらないのに。これが必要悪というものですよね。それをそのままにしてしまっては、そこからの進化はありません。

過去を知り、そしてそこから学び、誰にとっても、いつの時代にも普遍的な豊かさを実現する。僕たちが今後進んでいかなくてはならないのは、そのプロセスなのではないでしょうか。

戻るのではなく、進む。第三の選択肢

原点回帰は確かに大切なことです。

でも、まったくの原点回帰では、人は自ら、自分たちが生み出してきたものや、導いた結果を一方で否定しまうことになってしまいます。だから、まったく戻るのではなく、私たちが導き出してきた今の世の中や生み出したものから、取捨選択をし、悪と思われがちな部分にも目を向け、それにどんな意味があったのかを考える。そして、学び取ったことから、未来につながる答えを導き出していく。これは僕自身の課題でもあります。人間が歩んできた歴史を無意味なものにしないためにも。

畑の土をつくるにあたってじゃまだと思っていた虫は、畑にとっていらないものを食べてくれる存在で、雑草は土を進化させるものでした。自然界に存在するものの全ては、進化に向かうプロセスだということを教えてくれています。

抗うことをせず、起きていることを受け止める。対処という手を打たない第三の選択をしてみると、見え方は変わってくるはずです。

僕たち人間が生み出してきた必要悪も、悪と捉えるのではなく、進化において必要なものだったとする考えかたは、前に進むちからにつながるはずです。月並みですが、どんなことも「これがあったからこそ、よい方向に進めるのだ」というふうに考えてみてはいかがでしょうか。

つらいことも、苦しいことも、それは全て進化へのプロセスだと僕は思います。そう思えば、一見、不利、理不尽と思えてしまう事柄に対し、憎しみの気持ちや負のこころを持つことの方が不自然なことのようにすら思えてきます。なぜって、自分を成長させてくれるためのできごとなのですから。

言葉だけで理解しようとすると難しいことだと思います。そんなときは、どうかもう一度虫や草、自然界を見つめなおしてみてください。

不自然を自然に戻すちから

そして僕たちは、もとに戻すちからも持っています。なぜなら、能動的な自然界の一員だからです。肥料が入った土を虫や草が浄化するように、不純物が入った野菜を菌が水に戻すように、自然には人間が汚してしまったもの、退化させてしまったものをもとに戻そうとする、恒常性があります。自然を模範とすれば僕たち人間にも自分たちが生み出してきてしまった不自然を自然に戻すことができるのです。

「肥料は栄養だ」「虫が食べる野菜はおいしい」「葉の緑色が濃い野菜は栄養が多い」など、一般的には当たり前だと思われていたことが、当たり前ではない世界がありました。それに気づく生産者さんが増えてきたから、少しずつではあるけれど自然栽培や天然菌の発酵食品が広がりを見せ、あなたのもとにも本物の食べものを届けられるようになっています。

このように、僕たちが自分で不自然を見抜くちからを付けることが、不自然を自然に戻す第一歩になります。

いつもはとくに疑問に思わないことに、もう少しだけ目を向けてみる。常識だと言われていることを自然界になぞらえて、本当に自然なことなのかを考えてみる。そんなふうに考えることからはじめてみてください。あなたの小さな一歩が世の中を変えると僕は信じています。

第7章

野菜に学ぶ、暮らしかた

―自然と調和して生きるということ―

野菜と人は同じ、と考えてみる

自然栽培に携わるようになってときを追うごとに、僕のなかでは「野菜と人間は同じだ」という考えが深まるばかりでした。

それはあるお医者さんとの出会いによって、確信めいたものに変わりつつあります。第5章で書きましたが、菌についての問い合わせを通じて、僕らに天然菌という新たな挑戦のきっかけを与えてくださったのは、ホスメック・クリニック院長の三好基晴先生でした。

三好先生は生活習慣病を中心に、アトピーや化学物質過敏症、シックハウス症などアレルギーのかたを診察しています。クスリを一錠も出さず、検査もしないのですが、ではどのような診察を行っているかというと、患者さんの生活習慣をじっくり聞き、ときには住環境に足を運んで症状の原因を突き止め、その原因を解決していくために改善するべき点を指南しています。病気を根本的に治療するための診察です。レントゲンなどの検査はそれだけでからだに負担をかける、クスリは症状を一時的に緩和するには役立つけれど根本的な原因を先送りにするものだという考えをお持ちなので、一般的な病院が行う通常の診察はしていません。

常識で考えると、かなり変わったお医者さんと捉えられそうですが、三好先生は医師として現代の食糧生産事情や住宅、衣料のほか、アレルギーを引き起こす原因と考えられる要素のあるものを隅々まで調査し、それらを開発するメーカーや流通する企業に問い合わせをして回答を求めるなど、患者さんのために真剣に動いてくれる医師です。僕の会社に電話をかけてきたのも、安全性をうたった有機野菜や無添加食品ですら口にできない化学物質過敏症の人たちが食べられる食材を探すためでした。

この出会いにより、僕は野菜以外の分野である食品や生活雑貨など、さまざまな角度から今まで知りようもなかった衝撃的な事実などを教えてもらうことになり、野菜や食べもの、クスリが人のからだに及ぼす影響、そして人のからだに起こる病気などの症状が、野菜となんら変わらないことを医学的にも裏付けてもらう形になりました。

この章では、僕が実践している「医者にも、クスリにも頼らない生きかた」を、三好先生に裏付けてもらった医学的根拠とともに話していきます。「医者に頼らない」と言いながら三好先生にはずいぶんちからを借りていますが……。

健康法は「入れない」そして「出す」

まずは僕が、ふだんの生活で実践していることを少しご紹介します。
それは、入れないで、出す。
これに尽きます。
具体的には、次の通りです。

①添加物や化学的なものをできるだけからだに入れない

野菜で言えば、農薬は使っていない、肥料も使っていないもの、肥料を使っている野菜であれば動物性ではなく植物性のもので育てられた野菜を選びます。

肉類に関しては野菜に比べて、どんな環境で、どんな飼料や水を与えられたか、ホルモン剤や抗生剤の投与などを開示するトレーサビリティを知るのは難しいけれど、店でそのような質問をしたときに調べてくれるなど、信頼のおける店を探します。調味料も然りです。

自然界のルールに則って作られたものを食べるということは、完璧とはいきませんが、できるだけ不純物をからだに入れないことにつながります。

また、クスリやサプリメント、健康食品は避けます。最初から自然に即したエネルギーのある食事をとっていれば、クスリやサプリメントにお金をかける必要もないわけだし、「おいしいなぁ」と食べているだけでからだはきれいでいられます。

元気に生きるポイントのひとつは、「不自然なものをからだに入れない」ことだと僕は思っています。

そして、もうひとつのポイントは、

②体内に溜まった毒を出すこと

元気な野菜が育つためにすることは、土から農薬や肥料などの成分を抜くことでした。土から肥毒を抜くと温かくて軟らかい土になり、野菜が育ちやすくなるように、人も肩こりや溜まった血液やリンパ液が流れ出すと顔色がよくなります。

肥毒を外に出すには、耕すことからはじまり、土中に残った分は植物の根で吸い上げていきますが、人間はどうやって出せばいいでしょうか。

からだの中に溜まった毒は、汗や排泄物、女性なら生理で排出されると僕は思います。また、できるだけエネルギーのある食べものを摂り入れることは、体内にある毒を外に出すことにもつながるのではないでしょうか。

そして、排出の最後の手段が病気ではないかと僕は考えました。

野菜になぞらえると、病気は、土の中に溜まった肥毒を出そうとする浄化の現象と言えます。人のからだも、体内で許容量を超えたなんらかの原因を外に出したがり、それが表に出はじめたのが病気だと思っています。

野菜が元気に育つには、土から肥毒を出しきることが重要なように、人の病気が回復するのも病気の原因を体内から出しきらなくてはいけません。だから、病気になったらとにかくその原因を体外に排出することが重要であり、病気になると、人はなんらかの違和感を覚えますから、それが、からだが病気の原因を外に出そうとしているシグナルだと捉えています。

風邪をひいた社員を褒めまくる

僕は風邪をひいて発熱しても、クスリや氷などで熱を下げることはしません。それは、僕の会社であるナチュラル・ハーモニーの社員たちもそうです。

クスリを飲まないどころか、社員が風邪をひくと「それはよかった！」と喜びます。なぜなら、「風邪をひいて発熱することが、実は、万病の予防につながる」と考えているからです。

医学の父と呼ばれるヒポクラテスがこんな言葉を残しています。

「患者に発熱するチャンスを与えよ。そうすればどんな病気でも治してみせる」

「熱によって治すことができなければ、それは不治の病だろう」

さらに

「病気とは浄化の状態であり、症状とはからだが引き起こす防衛手段である」とも。

これはまさにこの本を通して、僕が話してきたことです。ヒポクラテスの言葉からは、野菜だけでなく、人間も同じだとわかります。

風邪は体内に溜まった老廃物や毒素を体外に出そうとしている、からだからのサイン。熱は体内に侵入してきた風邪のウイルスを白血球が処理しようとする際のからだの反応で、咳、鼻水などの諸症状は、老廃物や病原菌を体外へ排出する、言わばからだの大掃除だと言えそうです。

三好先生は、こう言います。

風邪の間、からだの全エネルギーはウイルスを処理することに集中したい。だから自ずと食欲もなくなるし、だるくなる。それは、エネルギーを無駄に使いたくないから。それなのに「体力をつけなきゃ」と無理に食べたり、だるいのに頑張って動くと、そちらにエネルギーを使わなくてはいけなくなり、治るのが遅くなる。食欲がないのは食べなくていいというシグナル、だるいのは動いてはいけないというシグナルだと。

これは僕も、自分のからだの声に耳を傾け、実感していることです。

自然栽培の場合、麦などの根を使って土から定期的に肥毒を抜きます。風邪をひくことは、人の生理が持つ自然のデトックス作用だと言えるかもしれません。

クスリに頼ってしまうと自分自身の治癒力を低下させてしまうという考えかたもできるため、風邪の場合クスリは飲まず、なにもせずにいるのが一番の治療だと考えています。

ケガについても、同じような考えかたをします。

僕の場合、転んでケガをして傷の部分がぐじゅぐじゅしたり、膿んだりしても、クスリは塗りません。なぜなら、膿には皮膚を正常に戻すプロセスも存在していると思っているからです。ぐじゅぐじゅは、外から侵入してこようとする菌と、からだを傷から守る仕組みが闘っているために起こる症状で、ここに化膿止めや消毒薬などを塗ると、どちらも殺してしまう。症状は緩和するかもしれませんが、免疫力やバランス機能も低下してしまうと僕は捉え、むしろ傷から感染しやすくなるかもしれないなどと思います。

泥が付いていたら洗うだけ、血が出たら洗って包帯を巻くだけです。傷を水に当てるとわかりますが、皮膚は自動的に収斂して異物を入れないようにします。人のからだは僕たちが思っている以上に素晴らしいちからを持っていると思っています。

クスリを心の拠りどころにはしない

僕には子どもがふたりいます。今は成人した長男と長女ですが、彼らは生まれてから一度もクスリを飲んだことも塗ったこともありませんし、学校の予防接種も受けていません。僕が今まで話してきた野菜の話、病気やクスリの話を小さな頃からしていますから、風邪をひいてもクスリを飲まないことを不安に思ったりしません。

冒頭でお話しした新型コロナウイルスらしき症状が出たときも、クスリは飲みませんでした。僕も子どもたちも後遺症はありませんし、いつもの風邪の後と同じくからだがスッキリしました。

社内でも同じような症状が蔓延した時期はありましたが、クスリを飲んだ社員はいません。みんな、仮にコロナであっても「からだの浄化作用」と考えていますので、症状が出た社員は会社を休んで静養し、出勤している社員が業務をカバーする。できない業務は無理してやりません。

風邪のほとんどはウイルスが原因と言われています。そのため病院では抗生物質を処方しますが、医学の常識として「風邪には抗生物質は効かない」と言われているそうです。それでもお医者さんが抗生物質を処方するのは、患者さんの安心のためという一面があります。世界のなかでもとくにクスリの消費量が多い日本人は「なにかに頼らなければ不安」という心理が強いのかもしれません。

その意識は、予防接種にもあらわれていると思います。今、お医者さんのなかでも「インフルエンザの予防接種には意味がない」と考える人は大勢いるそうです。

僕も同じように考えているので、病気になったわけでもないのに、心配だからという理由だけで、子どもに予防接種を打たせることは避けています。

もし仮に効果があったとしても、副作用についてはどうでしょう。

肥料のことを考えれば、効果があるものには副作用もあるのではないかと僕は思います。

コロナ患者の多くに処方されていた解熱剤の副作用が、コロナ後遺症で見られる症状と酷似している、なんて話もあります。咳、息苦しさ、だるさが代表的な症状です。

お金を払って症状を手にしているなんて考えたくありません。お金のことを考えるなら、クスリに頼って予防するのではなく、ふだんの生活から病原菌のすめないからだづくりをする方が有意義な使い方だと思います。

自然栽培の野菜も含めて品質がよいものは、多くの市販品に比べれば、今の段階ではどうしても高価です。でも、自分や大切な人のからだをつくるものなのだから、クオリティーがよいものを食べる方を僕は選びます。

病気になってから治療にお金を使う、少し高いけれど良質なものに毎日お金を使って病気にならないからだをつくる。同じ金額がかかるとしたら、僕は毎日のことにお金を使いたいな、と考えるわけです。

あえて手を打たない選択をしてみる

コロナに感染した多くの人は、症状に対して手を打ったと思います。病気の渦中で判断を下し、抗生物質や解熱剤を飲んだりしてしまうけれど、自然栽培的観点ではあえて「手を打たない」「起きていることに抗わない」第三の選択をします。

理由は、今の状況が浄化作用だと考え、熱が四〇度出ていても必ず回復していくという自信があるからです。この自信は根拠のない自信ではなくて、体験を通してつけていったものですから信じられるのです。

自分だけでなく、子どもの病気、親の病気など、病気だけでなく、対人関係や仕事のうえでのトラブルなど、自分を取り巻く病気のような状況を通して、自分で経験して感じれば、手の打ち方次第で景色が変わることがわかってくる。

多くの人の在り方、いわゆる人間社会では、手を打たなかったときの景色を見たことがない人の方が多いと思います。「先に手を打って対処する」という在り方や意識を少し変えてみてほしい。そうすれば光の景色が目の前に広がると僕は思います。

手を打ってしまっていたのは、自然界の仕組みを知らなかったからだと思います。僕だって自然栽培に出会っていなかったら、第三の選択肢は知りようのない手でした。

発熱や痛みは、からだがスッキリしたい合図で、それをスムーズに進行させてあげればいい、と今は考えているのですが、クスリを飲んだり、湿布を貼ったりして留めてしまう。その場はラクになるかもしれませんが、からだが処理しようとする作用が止まってしまうため、治りも遅くなってしまう。

こう考えれば、クスリを飲んだり、湿布を貼る方が損だと思いませんか。「ちょっと我慢すればいい」となりませんか。「我慢は悪に向かう」と思い込んでしまっていませんか。からだは回復させるちからを持っているはず。風邪をひいたときをチャンスと考え、一回チャレンジしてみてはどうでしょう。この本を開いたばかりのときは、「できるかな」と思っていたかたも、今は「できるかも」と思っていてくれていたら嬉しいです。

コロナ禍で僕がとった選択肢

コロナらしき症状から回復した後、僕は十日間ほど家にいました。ちなみにその前も外出する際はマスクもしていました。お客さまのなかには、「なぜ、ナチュラル・ハーモニーの社長のあなたがマスクをするの！」なんてかたもいました。

なぜそこだけ社会のルールに合わせるのか。

僕が大切に思っている本質の部分が、社会のルールを守ることでは侵されないからです。コロナ禍でもはや社会常識になっていたマスク着用や手の消毒など、世の中のルールと自分の合わせかたで苦労しませんか？　なんてことも聞かれました。

コロナ禍のルールは人間がつくり上げたものです。でもその前に、ウイルスを含め僕たち生物は、地球の上に成り立っている。自然界のルールでここまでいのちをつないできたわけですから、そこを基準にすればコロナ禍での社会現象の不自然さはすぐにわかります。

コロナ禍で起きていたことは、ウイルスのちからを借りながら、自分を、地球の状態を正常に戻していく自然界のいのちの仕組みだと僕は信じていましたから、不安もないし、社会のルールに則っても本質の部分はなんらぶれません。ですから状況に応じて対応をしていたまでです。

僕とあなたの大切なことは同じところもあるかもしれませんが、もちろんちがうこともあるはずです。人によって価値観、判断軸は異なるのは当たり前のことですから、第三の選択肢を知ったうえでの、あなたの人生のプランは僕にはわかりません。

でも第三の選択肢を知ると、自分の大事なことも見えやすくなると思います。

この本を読んで自然と調和して生きてみようと思ってくれたら嬉しいですが、まずは自然界と社会のルールを50／50でやってみるのが自分らしいと思うのなら、それでいいのです。クスリを必要とするときがあれば、それでいい。自分はなにを優先して生きたいのか、自分のさじ加減を知るベースを自然にならってみることが大切だと僕は伝えたいのです。

人間がつくった社会のルールだけがあなたのルールだけではないのです。自然界のルールを見つめたうえで、あなたがどうするか。

コロナ禍で社会を見ていた僕はそんなふうに考えていました。

栄養素という概念をとりあえず捨てる

自然と調和する生き方を実践するうえで、僕はまずは「栄養素」という概念を捨てることからはじめました。栄養は、農業で言えば肥料にあたると考えたからです。栄養分が足りないから、いろいろな微量栄養素を補助するという習慣と同様に、ビタミンがどうだとか、ミネラルがどうだとか、足し算することを白紙に戻したのです。

ふだんの食生活の野菜不足でビタミンが足りないからと、野菜ジュースやサプリメントで補う人もいますが、もとは不摂生と自分の力を信じないことのあらわれではないかと僕は思います。それをサプリメントで対処するのは、野菜にとっての肥料と同じ。気分はラクになるかもしれませんが、効果が期待できるかどうかも定かではないわけですから、サプリメントで補う前に、自分の力を信じ、不摂生をなくす努力をした方がよいと僕は思うのです。

三好先生いわく、人体の不思議とも言える事実があります。人のからだは長い歴史のなかでつくり上げられてきたものです。その時間のなかで、特定の栄養素が凝縮されて体内に入ることはごく最近までありませんでした。そのせいか、人のからだは過剰な栄養素を異物として判断し、排出するようにできているそうです。

サプリメントはまさに特定の栄養素を濃縮したもの。通常の食品では摂取することが難しい栄養価ですし、言い換えれば人間が自然に生きて食品を摂取しているときにはあり得ない濃縮度の栄養素を体内に取り込むものとも言えます。

過剰な摂取のあとの排出は、肝臓腎臓に負担がかかることもあるそうです。病気の人や体質改善にどうしても必要な人もいると思いますから、飲むにしても、飲まないにしても、なぜ自分にとって必要なのかを理解したうえで選択してほしいと思います。

今、とくに持病もなく健康で不摂生を認識しているのなら、問題をその場しのぎに対処するのではなく、本来のお米や野菜を食べてほしい。そのときはもちろん、エネルギーのあるものを選んでください。

健康補助剤であるサプリメントも、排出の際に負担がかかりますし、効果があるものには副作用もあると考えると、これも野菜と同じことのような気がします。肥料を与えたために虫がやってきて農薬が必要になった。でも、野菜にとって農薬は、その場はしのげても病気や虫などの根本的な解決にはなりませんでした。しかも、土に肥毒を溜めてしまい、最終的には硬くて冷たい土を生み出す原因になってしまった。

僕は「もし農薬が、人間が飲むクスリと同じだったら……」と考えるようになりました。

自然のサイクルを保っていれば起きない問題をあえて起こしてしまっているのが、農薬や肥料を当たり前のように使う農業だとすれば、僕たち人間も、口にするものを選ばなければば、本来持っている機能をオフにしてしまっているのかもしれない。加工度の高い食品や添加物、薬など不自然なものを摂れば摂るほど、血液は粘度が高くなり、体内をスムーズに流れずに循環が悪い状態になってしまう。そうなると人間の体がどうなるか。体の隅々に酸素や栄養を運んだり、老廃物を排出したりするのが難しくなり、滞りが発生して基礎体温が下がっていきます。

今、病院でよく処方されるクスリの一種に抗生物質があります。抗生物質を使えば、病原菌をはじめ多くの菌を殺すことはできますが、必ず生き残る菌が出てきて、それが増殖することがあるそうです。クスリの威力に打ち勝つ耐性菌です。そのため、さらに強いクスリが開発される。そしてまた、耐性菌が出現する。しかし、いつか抗生物質の開発が追いつかなくなる日が訪れるかもしれないということが医学の世界でも言われていると聞きます。

土壌に生きる微生物には、雑菌と言われるものにも、それぞれ大切な役割がありました。どんなによい菌でも、ひとつが突出したからといってよいことはありませんでした。

農家の人が昔からよく言うことに、「土は人と同じ」という言葉があります。土壌内微生物は体内細菌の存在とよく似ているそうです。日々の農作業から、自然界に棲息するものは、その全てで均衡を保っていることを肌で感じているのでしょう。

どれかひとつに効果を追求しないから、不利益も生じない。自然界から学ぶべき姿がここにあります。

イヤだと思うものに、あえて感謝の気持ちを持ってみる

僕が全編を通して話してきたことは、ただ野菜や病気のことを伝えたかったわけではありません。一番言いたかったのは、自然な生き方をしていれば、自分にも野菜と同じことが起こるんじゃないか、ということです。ここで言う自然な生き方というのは、自然界を模範にした生き方のことです。

たとえば、雑草には土を進化させる役割があったように、虫やアレルギーは病気のもとを取り除いてくれる存在であったように、自然界を見回してみれば、自分にとって不都合でイヤな存在に見えるものにも意味があるものだと思えます。

「虫が大発生したから、今年は野菜が採れなかった」

これは今までまいてきた農薬や肥料のせいだからです。

「あの人がイヤなことを言うから、私のやる気が起きない」

本当に、「あの人」のせいなのでしょうか。

イヤなものに感謝する気持ちを持つのは、はっきり言って困難なことです。無理矢理感謝しろと言っているわけではありません。でも自然界を見てみれば、イヤなものがイヤでないことがわかるから、最初の段階から感謝ができます。

人間が、自分にとってよかれと思うことを選択するのは、進化の過程で当たり前のことだと思います。その「よかれ」が、今だけの「よかれ」で終わってしまうのか、ずっと先まで、最後の結果まで「よかれ」なのか、見方ひとつで変わると僕は思うのです。目の前の結果だけでいいのか、大きな目で見てよりよい結果を選ぶのか、その答えは、僕が言うまでもなく、みんな同じだと思います。

自分や家族の健康のために自然栽培の作物を食べはじめ、おいしくてずっと食べたかいからと「農家さんを応援したい」気持ちが生まれ、いつの間にか「自分たちは食べて地球環境を守ろう」と変わっていく。自己愛ではなく利他愛と僕は呼んでいますが、循環のなかで育った作物を体内に取り込んでいくと、あなた自身も自然とよい循環のなかで生きるようになる気がします。僕はそんな人たちにたくさん出会ってきました。

自然栽培は欲張りな農業です。はじめたばかりのときは、目の前に多くの困難が立ちはだかることも少なくありませんが、ときを追うごとに畑や野菜の状態はよくなり、結果とてもクオリティのよいものに仕上がります。農薬や肥料、そしてタネにお金をかけることもなくなり、無駄がどんどん省かれ、とてもシンプルなのに、よい結果が得られるわけです。

そうすると、野菜がうまく育たないのは、天気のせい、虫のせい、菌のせいなど、「なにかのせい」にすることがなくなってきます。「結果には必ずその原因がある」、スタートからゴールまでの道筋がまっすぐ伸びているわけですから、歩むべき道がはっきりしている。今、自然栽培に取り組む生産者さんは、そのことがわかっているから、目の前に虫や病気があらわれても肥料や農薬に頼ることなく、栽培を続けていられます。虫や病気が悪いことだと思わなくなっているのです。そして口にした人は、人を思いやり、地球を思う方へ向かっていく。自然栽培は本当に欲張りです。

確かに、今の世の中はシンプルではありません。でも、自分を取り巻く全てのことは、社会や人のせいでは決してないような気がしています。原因があるからこそ、結果が生まれる。自然に反した結果、起きていることではないでしょうか。

なにが、どこからずれてしまったのか、もう一度見つめなおす作業は自然に即し、調和する生き方のはじまりであり、自分をよい結果に導く生き方のはじまりだと僕は思います。

こころに凝りを作らない方法

野菜、味噌や醤油の発酵食品はもともと自然界の偶然の産物です。人が手を加えることをしなくても、この世に生まれたものでした。それなのに、肥料を加えて本来のスピードを無視して野菜を育てたり、菌を培養してインスタントな発酵食品を生み出したり、人が手を加えて本来のありかたとはちがう方法でものづくりを行ってきました。

これは人のこころの問題にもつながると思います。

人は怒ったり心配したり、不安なことがあると無意識に力んでしまいます。すると、血液の流れが悪くなり、からだに凝りを作ります。通常の状態に比べると不自然な状態です。まあ、これらの感情は人として当たり前のことではありますが、なければないに越したことはありません。こころが自然な状態である方が、からだにも負担がかからないわけですから。

それなのに僕たち人間は、まだ起きてもいないことを心配したり、不安に思ったりします。

「老後はどうなっちゃっているのかしら……」

「あの仕事が万が一失敗したら……」

よくあることだとは思いますが、まだ起きていないどころか、本当にそうなるかもわからないことを心配するあまり、心を痛めていたら何にもなりません。

自然界には無理がありません。だから、なにかが突出することなく丸い世界を描き、循環していきます。なにかが損をすることもありません。

もう一度自然界をよく見て、そしてこころの声をよく聞いてあげてください。不平不満があるなら、その問題から目を背けず、勇気を出して原因を探ってみてください。心のわだかまりがとれれば、こころはきっと自然な状態に戻ります。そうすれば、必ずよい循環があなたの周りに生まれてくるはずです。

先ほども書いたように、自然界は全ての存在に役割があります。そして、どんなにボタンを掛けちがえてしまっても、その存在の全てが働き、必ずもとに戻していきます。どんなに時間がかかったとしても、必ずもとに戻る——。だからそもそも、善いも悪いも、そういった価値観自体が存在しない。否定のない世界です。

人も、そのように生きることは不可能ではないと僕は思っています。

現代社会は、つらく生き難い場所かもしれません。でも、そのことを前提にチャレンジと感謝するこころを持てば、無意味な戦いはなくなり、一人ひとりの存在を認め合う共存する時代が訪れるはずです。

なにかを、そして誰かを否定することをしなくて済めば、人は苦しみから解放され、ラクになれるはずです。

ものごとの判断軸は、善い悪いではなく、自然か不自然か。

今の社会にあっても、自分のこころをいつでも軽く持てる方法だと思います。

ファストフード一日四食からでも遅くない

さて僕は、自然栽培を知って以来、大きな病気をすることもなく、四〇度の熱があっても講演し、毎日元気に飛び回っています。コロナが疑わしかったときもオンラインで配信していました。「河名さんだからできるんだ」なんて思わないでください。僕だって若い頃は、ファストフードは当たり前、一日に四回食べていた時期だってあるのです。

でも、農家さんを見ているとわかります。小さな人間のエゴを離れ、長期的な視野に立って自然と向き合っていると、ライフスタイルそのものに変化が起きてきます。それは、なにが自然に適っていて、なにが反しているのか、生活の随所で感じとれるようになるからでしょう。「今までこんな生活をしてきたんだから、もう手遅れだよ」ということは決してないんだなと感じます。

今まで、どんなものを食べていても、どんなクスリを飲んでいても、どんな生活をしていても、決して遅くないと思います。いきなり、慣れきった現代の便利な生活を一八〇度変える必要はありません。自然をちょっと意識した生き方をしてみよう、まずはそう思えること、そして少しずつそちらへ足を運んでみること、そのことが大切だと僕は思います。

この本がその小さなきっかけになれば、こんなに嬉しいことはありません。

本書は、2010年7月に刊行された『ほんとの野菜は緑が薄い』（日本経済新聞出版）を、大幅に加筆・修正したものです。

河名秀郎 かわな・ひでお

1958年東京生まれ。國學院大學卒業。千葉県の自然栽培農家での研修を経て、ナチュラル・ハーモニーを設立し、自然栽培野菜の移動販売をはじめる。自然食材店、自然食材レストランを中心とした衣食住全般を統合したライフスタイルショップ「ナチュラル＆ハーモニック プランツ」、自然栽培野菜の定期便もあるオンラインストアを展開している。現在、自然栽培全国普及会の会長を務め、生産者に対しての自然栽培の普及活動に加え、一般消費者に対しては「自然と調和した生きかたセミナー」を全国で開催している。

日経プレミアシリーズ | 501

ほんとの野菜は緑が薄い

「自然を手本に生きる」編

二〇二三年九月八日　一刷

著者　河名秀郎

発行者　國分正哉

発行　株式会社日経ＢＰ
日本経済新聞出版

発売　株式会社日経ＢＰマーケティング
〒一〇五―八三〇八
東京都港区虎ノ門四―三―一二

装幀　ベターデイズ

編集協力　柴田さなえ

組版　マーリンクレイン

印刷・製本　中央精版印刷株式会社

ISBN 978-4-296-11864-9　Printed in Japan

日経プレミアシリーズ 489

なぜ、日本には碁盤目の土地が多いのか

金田章裕

私たちが目にする日本の土地は、正方形や長方形が多い。それは市街地でも農地でも同じで、多くの街路や畦道は碁盤目状になっている。しかし、世界を見渡せば、三角形やひも状など、さまざまな形の土地がある。なぜ、日本は碁盤目の区画を志向するのか。好評の歴史地理学入門第3弾。

日経プレミアシリーズ 497

中国人が日本を買う理由

中島 恵

高成長が曲がり角を迎え、コロナ禍以降は社会に息苦しさも感じる——。ここ数年、中国人が母国を見る目が変わりつつある。そして彼らは日本に目を向ける。食事、教育、文化、ビジネス、社会……。どんな魅力を感じるのか。豊富な取材により、多くの中国の人々の声から浮かび上がる、新しい日本論。

日経プレミアシリーズ 494

「低学歴国」ニッポン

日本経済新聞社 編

大学教育が普及し、教育水準が高い。そんなニッポン像はもはや幻想?——いまや知的戦闘力で他先進国に後れをとる日本。優等生は育ってもとがった才能を育てられない学校教育、〝裕福な親〟が必要条件になる難関大入試、医学部に偏る理系人材、深刻化する教員不足など、教育現場のルポからわが国が抱える構造的な問題をあぶり出す。

日経プレミアシリーズ 480

世界食料危機

阮蔚

ロシアのウクライナへの軍事侵攻は、人類にとって欠くことのできない食料の供給が意外なほど脆弱であることをまざまざと見せつけた。なぜ両国の小麦やトウモロコシなどが世界の穀物貿易の鍵を握るようになったのか、さらには世界で進む穀物の生産・貿易・消費の地殻変動や脆弱性など危機の背景をわかりやすく解説する。

日経プレミアシリーズ 477

資源カオスと脱炭素危機

山下真一

「時代遅れ」と切り捨てたはずの化石燃料が、ロシアのウクライナ侵攻で改めて脚光を浴びている。時代は逆流し、グローバルな脱炭素への取り組みは後退するのか。本書は、エネルギーを中心に混迷する資源の動きを追い、いま世界で何が起きているのかをわかりやすく解説する。

日経プレミアシリーズ 485

災厄の絵画史

中野京子

パンデミック、飢餓、天変地異、戦争……人類の歴史は災厄との戦いの歴史でもある。画家たちは、過酷な運命に翻弄され、抗う人々の姿をキャンバスに描き続けてきた。本書は、そんな様々な災厄の歴史的背景を解説しながら、現在も人々の心をつかむ名画の数々を紹介する。ベストセラー「怖い絵」シリーズ著者による意欲作。

日経プレミアシリーズ 495

なぜ少子化は止められないのか

藤波 匠

2022年の出生数は80万人を割り、わずか7年で20％以上減少する危機的な状況だ。なぜ少子化は止まらないのか。どのような手を打てばよいのか。若者の意識の変化や経済環境の悪化、現金給付の効果など、人口問題の専門家が様々なデータを基に分析、会話形式でわかりやすく解説する。

日経プレミアシリーズ 487

地図から消えるローカル線

新谷幸太郎

鉄道開通から150年。全国の鉄道は大きな岐路に立たされている。鉄道会社の経営は厳しく、都市部の黒字が支えてきたローカル線の多くは事業継続が限界を迎えつつある。ごく一部の住民にしか利用されない交通機関でいいのか。歴史の証人でもある鉄道を通して公共交通とインフラの将来を考える。

日経プレミアシリーズ 479

勉強できる子は○○がすごい

榎本博明

勉強してもなかなか結果が出ない、すぐ感情的になる、相手が不快になる発言をついしてしまう……。そんな子どもは自分を「モニターする」力が弱いのかもしれない。好評「○○がすごい」シリーズの第3弾。将来の仕事の巧拙も左右する「メタ認知」について、トレーニング法も含めて解説する。